NOTICE

SUR LES

PROPRIÉTÉS PHYSIQUES, CHIMIQUES ET MÉDICINALES

DES EAUX

DE CONTREXÉVILLE (VOSGES).

Par A. F. Mamelet,

ANCIEN CHIRURGIEN MILITAIRE, MÉDECIN DE L'HOSPICE CIVIL DE BULGNÉVILLE (VOSGES).

Paris,

Mme AUGER MÉQUIGNON, LIBRAIRE,
RUE DE L'ÉCOLE-DE-MÉDECINE, N° 13 (BIS);

A BRUXELLES,
AU DÉPOT DE LA LIBRAIRIE MÉDICALE FRANÇAISE;

A CONTREXÉVILLE,
A L'ÉTABLISSEMENT DES EAUX MINÉRALES.

1829.

INTRODUCTION.

DEUX mémoires *ex professo* ont été publiés sur les eaux de Contrexéville : le premier fut lu le 10 janvier 1760 à la Société royale des Sciences et des Arts de Nancy par le docteur Bagard, premier médecin ordinaire du roi, président et doyen du collége des médecins de Nancy. C'est à lui que l'humanité est redevable de la connaissance de ces eaux, puisqu'il est le premier qui en a fait connaître les propriétés chimiques et les vertus médicinales.

Le second est de 1774, du docteur Thouvenel, à qui est due la fondation de l'établissement tel qu'il existe aujourd'hui : c'est donc à ces deux hommes célèbres, que l'on doit la découverte, on peut même dire la création de ces eaux, et s'ils ont laissé quelques observations à faire sur leurs pro-

NOTICE

SUR LES

PROPRIÉTÉS PHYSIQUES, CHIMIQUES ET MÉDICINALES

DES EAUX

DE CONTREXÉVILLE (VOSGES).

PARIS. — IMPRIMERIE DE CARPENTIER-MÉRICOURT,
RUE TRAÎNÉE, N° 15, PRÈS SAINT-EUSTACHE.

priétés, c'est que la mort les a ravis trop tôt à la science.

Voulant aussi faire connaître ce que j'ai remarqué sur les diverses propriétés de ces eaux, notamment sur leurs vertus médicinales depuis 1809, que j'ai donné des soins à la majeure partie des personnes qui sont venues les boire à la source ; fort de cette longue expérience et des observations convainquantes qu'elle m'a mis à même de recueillir ; jaloux de répondre à la confiance des célèbres médecins qui ont bien voulu m'adresser leurs malades et m'ont fait témoigner le désir de voir des observations plus complettes que celles publiées jusqu'alors sur les propriétés médicinales de ces eaux ; je crois ne pas devoir différer plus long-temps d'offrir le tribut de ma longue application dans l'administration de ces eaux.

Simple narrateur des faits que j'ai observés, je les livre à la méditation des médecins, m'attachant seulement à rapporter les effets que ces eaux ont déterminés chez les personnes qui en ont fait usage.

Je diviserai cette Notice en quatre parties : la première comprendra la topographie de Contrexéville ; la seconde, les propriétés physiques et chimiques de ces eaux, d'après l'analyse qui en a été faite par plusieurs savans ; la troisième, leurs propriétés médicinales, et la quatrième enfin, les observations de maladies traitées par ces eaux.

Les Mémoires de MM. Bagard et Thouvenel, m'ont été d'un grand secours dans ce travail, mais principalement la bienveillance et les entretiens instructifs qui m'ont été accordés par le docteur Thouvenel qui m'honorait de son amitié et qui fut mon maître dans cette clinique ; et si j'ai dirigé les buveurs dans leurs exercices avec quelque succès, ce que l'on n'obtient que par l'habitude et beaucoup de circonspection, c'est à lui que je le dois.

Trop heureux si ce travail, tout imparfait qu'il est, peut attirer l'attention des personnes qui le liront et leur faire apprécier des eaux trop méconnues jusqu'alors des malades à qui elles conviennent.

Les travaux que le nouveau propriétaire fait pour

leur embellissement, contribuera sans doute à leur assurer une prompte célébrité, et à y attirer un plus grand nombre de malades. Puisse l'attention protectrice du gouvernement seconder ce zèle éclairé!

NOTICE

SUR

LES PROPRIÉTÉS PHYSIQUES,

Chimiques et Médicinales,

DES

EAUX DE CONTREXEVILLE (Vosges).

PREMIÈRE PARTIE.

TOPOGRAPHIE.

Contrexéville, village dépendant autrefois de la Lorraine, fait aujourd'hui partie du département des Vosges, de l'arrondissement de Mirecourt et du canton de Vitel. Il est à quarante-huit kilomètres ouest d'Epinal, et à trois cent-trente, est-quart-sud-est, de Paris. Sa longitude est de trois degrés trente-deux minutes, et sa latitude de quarante-huit degrés douze minutes. Il est construit dans un vallon étroit formé par deux côteaux qui dominent de beaucoup le village; ce vallon est ouvert du sud au nord; de ce côté il s'élargit et forme une belle prairie arrosée par le Vair, petite rivière qui prend sa source principale dans le village même à son extrémité sud, au pied d'une maison adossée au côteau de l'ouest; après un cours de six à sept myriamètres, il va se jeter dans la Meuse, près du village de Domremi la Pucelle. A 285 mètres de sa source, sur sa rive gauche, le Vair reçoit un ruisseau qui sort du village de Suriauville ; cette réunion forme une presqu'île dans laquelle se trouvent les fontaines minérales.

Contrexéville est composé de cent cinquante maisons, sa population est de six cent soixante individus. Trois routes y conduisent, celle de Bourbonne-les-Bains, éloigné de huit lieues de postes; celle de Mirecourt, distant de sept lieues, et celle de Neufchâteau, qui en est à huit lieues; c'est la route la plus directe pour Paris.

Le vallon où est construit Contrexéville étant ouvert au nord, l'eau du Vair, qui le traverse, étant très-fraîche, la température est très-variable, les vicissitudes atmosphériques sont brusques; il n'est pas rare pendant l'été d'y ressentir le matin un froid assez vif, à midi une chaleur par fois fatigante, et après le coucher du soleil le froid reparaît. Les buveurs doivent éviter les effets de ce changement subit de température, en cessant leur promenade avant le coucher du soleil. En se rendant à Contrexéville, il est nécessaire de se munir d'habillemens chauds, souvent ils sont aussi utiles que ceux d'été.

HISTOIRE DES FONTAINES MINÉRALES.

Avant le mémoire du docteur Bagard, les eaux de Contrexéville n'étaient connues que des habitans des villages voisins, qui de temps immémorial en faisaient usage contre les maladies des voies urinaires et contre quelques maladies rebelles de la peau.

Une cure regardée comme miraculeuse, produit par ces eaux en 1759, en fit découvrir les propriétés à Bagard, qui en fit le sujet d'un mémoire qu'il publia en 1760.

Ces fontaines sont au nombre de deux, l'une dite du Pavillon, qui est celle où l'on boit, et l'autre dite des bains, qui est uniquement destinée à cet usage.

FONTAINE DU PAVILLON.

En 1759 cette fontaine n'était qu'un trou assez grand, de forme irrégulière, se trouvant au milieu d'un jardin verger marécageux, ce qui rendait les abords de la fontaine difficile surtout par les pluies. Pour y puiser on descendait trois marches pratiquées dans les terres. Le trou où la fontaine jaillissait était garni d'une espèce de boîte en planches pour en soutenir les terres; ce qui n'empêchait pas les eaux pluviales et celles des sources voisines de s'y mêler sur les bords seulement, le milieu restant toujours clair et limpide. En effet, par les grandes pluies, les eaux sur les bords du bassin étaient souvent troubles et bourbeuses, tandis qu'où la fontaine surgissait l'eau restait dans toute sa pureté et conservait, même assez loin dans le canal d'écoulement, sa transparence.

La fontaine avait environ vingt-cinq pieds de profondeur, les terres et marais qui l'avoisinaient avaient une couleur ardoisée et exhalaient une odeur soufrée; l'eau des bords en prenait le goût, surtout quand le soleil reparaissait après une pluie d'orage, et que ces marais avaient été submergés (1).

---

(1) Voyez le Mémoire de M. Bagard.

Il n'existe ni soufre ni gaz sulfureux dans ces eaux. Cette odeur n'était sans doute due qu'à la décomposition de matières végétales qui, avec celle ocracée déposée par ces eaux et mêlée aux marais, dégageaient cette

Lorsque l'eau des bords était claire et sans agitation, elle se couvrait d'une pellicule irisée, et la boîte qui encadrait la fontaine, de même que les plantes et les pierres qui existaient dans le canal d'écoulement, se couvraient également d'un enduit rouillé, comme onctueux. Ces matières dissoutes dans l'eau donnaient une huile blanchâtre odorante, qui surnageait à sa surface (1).

La fontaine resta ainsi jusqu'en 1773, époque où M. l'abbé de Bonville, qui déjà avait été opéré de la pierre, se rendit à Contrexéville pour y boire les eaux; il reconnut qu'elles étaient altérées par le mélange des eaux pluviales et par celle des marais environnans; pendant son séjour à Contrexéville le docteur Thouvenel fut envoyé par l'inspecteur des eaux minérales de France, M. Rollin, pour en faire l'analyse. Il reconnut qu'elles étaient non-seulement altérées par les eaux pluviales, mais encore par une source considérable d'eau commune, située à neuf pieds de profondeur, qui se mêlait à la source minérale (2).

Ce mélange détruisant en partie les vertus bienfaisantes de cette source minérale, on reconnut la nécessité de la mettre à l'abri de toute altération. Le peu de fortune du propriétaire d'alors ne lui permettant pas d'en faire la dépense, M. l'abbé de Bonville y suppléa, et son âme généreuse trouva la récompense de ce sacrifice dans le bien-être qu'il allait procurer à l'humanité souffrante.

---

odeur sulfureuse, comme on le remarque encore quelquefois par les fortes chaleurs dans le canal d'écoulement et dans les marais qui avoisinent la source de bains.

(1) Voyez le Mémoire de M. Bagard.

(2) Voyez le Mémoire du docteur Thouvenel, sur les propriétés chimiques et médicinales des eaux de Contrexéville en Lorraine, imprimé chez Babin, à Nancy 1774.

Des fouilles furent faites sous la direction du docteur Thouvenel ; à quarante pieds de profondeur on trouva la source pure, et on eut la certitude qu'elle ne pouvait plus être altérée par d'autres eaux : alors on contruisit un puits en maçonnerie bien cimenté et corroyé qui mit l'eau minérale à l'abri du mélange des eaux communes qui jusqu'alors en avaient altéré les propriétés médicinales. Tel est l'état où cette fontaine se trouve encore aujourd'hui (1).

Le puits où est construit la fontaine est recouvert d'un bloc en pierre, qui en bouche hermétiquement l'entrée et conserve cette eau dans toute sa pureté. La nouveau propriétaire l'a ornée d'une statue.

L'ouverture par où l'eau s'échappe est au niveau du sol, à l'aspect du nord ; elle tombe dans un bassin en pierre et de là dans le canal de décharge. (2) L'ouverture, le bassin et le canal sont enduits d'une matière rouillée et onctueuse, qui se précipite de cette eau par son contact avec l'air atmosphérique ; elle se détache facilement par le frottement et le lavage.

Cette source, d'après l'opinion du docteur Thouvenel, vient du plateau dit le *Haut de Salin*, à cinq kilomètres sud-ouest de Contrexéville ; point très-élevé dans la partie basse ou la plaine du département des Vosges (3).

---

(1) Il n'existe aucun écrit qui constate les travaux qui ont été faits pour détourner les eaux qui altéraient la pureté de cette fontaine. Ces renseignemens ont été donnés par Drouillot, mort propriétaire de ces eaux, qui disait les tenir de son père et du docteur Thouvenel.

(2) Ce canal n'est pas garni de planches, comme l'annonce le professeur Fodéré, *Journal complément.* du *Dictionnaire des Sciences médicales*, d'avril 1828.

(3) Ce plateau, traversé par la route qui va de Nancy à Besançon, est tellement élevé que les eaux pluviales qui tombent sur cette route se déversent dans les deux mers ; les unes vont à la Saône et les autres à la Meuse.

Par suite des constructions et des différens travaux, l'établissement, propriété particulière, est aujourd'hui tel que je l'ai annoncé, situé au couchant du village, dans une presqu'île formé par le Vair et le ruisseau qui vient de Suriauville; on y entre à l'aspect du midi par une vaste cour qui vient d'être ornée d'arbustes et environnée à gauche de bâtimens servant de logemens au propriétaire et aux personnes qui viennent prendre les eaux, à droite d'un corps de logis incendié qui va être reconstruit. La cour se termine par une palissade qui la sépare d'une pelouse et d'allées qui conduisent à la fontaine du Pavillon. A droite et à gauche sont d'abord d'autres bâtimens destinés aux buveurs et un salon de réunion, ensuite des galeries circulaires où l'on se promène par le mauvais temps. Ces galeries sont bornées par un pavillon octogone où est renfermée la fontaine.

Le canal d'écoulement des eaux surabondantes de la fontaine se jette dans le Vair. Il est creusé entre les deux allées principales d'une promenade au nord du pavillon. Près de ces allées ornées de peupliers et d'acacias existent des bosquets, des jardins, et une petite prairie servant de promenade aux buveurs. Les environs en offrent d'assez belles et peu fatigantes. Si l'on veut se promener plus loin en voiture où à cheval, il existe des sites champêtres non dépourvus d'intérêt; un entre autre où s'élève un chêne nommé le chêne des partisans, qui, je crois, est unique en France, tant par sa belle végétation que sa hauteur et ses dimensions (1).

Le pays offre d'assez beaux paysages; le sol est fertile en

---

(1) Cet arbre existe sur les bords de la forêt de Saint-Ouen, près le village de Lavacheresse, éloigné d'un myriamètre sud-ouest de Contrexéville. Il domine de beaucoup les arbres de cette forêt, et de loin est pris pour une vieille tour.

Ce chêne a de circonférence à sa basse treize mètres, à un demi-mètre productions céréales; les terres sont argileuses, mêlées de fragmens de pierre calcaire (Carbonate de chaux.) L'agriculture est la principale richesse du pays; on y fabrique aussi des dentelles communes.

FONTAINE DES BAINS.

Cette source sourdait autrefois dans le lit du Vair, sur sa rive gauche et n'était d'aucune utilité. Ce ne fut que lorsque l'on voulut construire des bains qu'elle attira l'attention du docteur Thouvenel, qui, l'ayant reconnue minérale, la fit enfermer dans l'établissement, lors de la construction du quai qui existe le long de la cour. Elle est contenue dans un puits construit en partie dans ce quai. Ces eaux s'élèvent au niveau du sol et se rendent, par un canal découvert, dans un autre puits qui en est éloigné de trois mètres. Dans celui-ci existe une pompe en plomb qui verse l'eau dans une chaudière ; elle est de là dirigée par des conduits en plomb dans les baignoires. Elle est éloignée de la source du pavillon de quarante mètres, et n'a aucune communication avec elle. Près de cette source est le bâtiment des bains, qui est réuni par un corridor au local où est le salon de réunion.

Ces bains sont composés de six cabinets, d'autant de bai-

---

de terre, il a neuf mètres; à deux mètres du sol, six mètres; enfin à la naissance des premières branches qui se développent à sept mètres et demi du sol, cinq mètres soixante-dix centimètres.

Son tronc, quoique fortement conique, n'est point caverneux, et l'œil s'étonne de ne pas voir une branche sèche dans son dôme immense.

L'élévation de ce chêne est de trente-deux mètres, quatre-vingt-seize centimètres (cent-un pieds et demi de France), et son envergure de vingt-cinq mètres.

Le tronc et les principales branches sont évaluées à 171 décistères de bois d'œuvre, et à 300 décistères de bois de chauffage.

gnoires, d'un cabinet de douche descendante et d'un de douche ascendante.

Les buveurs trouveront à l'établissement des logemens commodes, une société agréable, une table bien servie et toutes les commodités que l'on peut raisonnablement exiger hors de son domicile.

Il y a également dans le village des maisons où l'on se procure des logemens et les autres besoins de la vie. Le seul désagrément qu'éprouve le buveur qui y loge, c'est, lorsqu'il fréquente le salon, et qu'il fait mauvais temps, d'être obligé de traverser des rues mal-propres et surtout le Vair, dont les émanations sont très-fraîches la nuit. Pour éviter d'en souffrir le buveur doit se couvrir chaudement en quittant le salon.

Les lettres adressées à Contrexéville, doivent être dirigées par Neufchâteau (Vosges).

Pour être sûr de trouver un logement, il est prudent d'écrire à l'avance pour le demander et de fixer le jour où l'on arrivera.

DEUXIÈME PARTIE.

PROPRIÉTÉS PHYSIQUES ET CHIMIQUES DES EAUX DE CONTREXÉVILLE.

FONTAINE DU PAVILLON.

DE SES PROPRIÉTÉS PHYSIQUES.

Volume.

Cette source produit par minute soixante et dix-huit litres d'eau. Ce volume est constant par les plus fortes chaleurs ; après des pluies abondantes, il semble un peu augmenter.

Odeur.

Elles ont une légère odeur martiale ; gardées plus d'une année dans des bouteilles bien bouchées, elles se sont bien conservées ; quelques semaines suffisent pour gâter celles qui sont mal fermées.

Saveur.

Leur saveur est fraîche, douceâtre, ferrugineuse et légèrement acidule ; si on l'agite dans la bouche, elle est styptique.

Limpidité.

Elles sont transparentes ; en les exposant à l'air, leur transparence ne s'altère pas, seulement leur surface se couvre d'une pellicule d'un aspect gras, irisée, qui, par l'agitation, se dissout entièrement et se reforme de nouveau après quelques jours de repos. Ces eaux, tout en conservant leur transparence dans le bassin qui les reçoit, ainsi que dans le canal d'écoulement, déposent un enduit ocracé, onctueux, que même on trouve quelques mètres au-dessous de l'endroit où elles se mêlent avec les eaux du Vair.

Température.

Leur température au thermomètre de Réaumur, est de huit degrés et demi. Elle est constante, sinon lorsque le thermomètre descend au-dessous de dix degrés ; alors elle varie jusqu'à neuf degrés.

Pesanteur.

Elle pèse par litre environ vingt-trois grains de plus que l'eau distillée. Selon M. Collard, de Martigny, qui, le dernier, s'est occupé de l'analyse de ces eaux, elle serait de 1,055.

PROPRIÉTÉS CHIMIQUES DE L'EAU DU PAVILLON.

De l'action des réactifs sur cette eau.

1° Elle est sans action sur la teinture du tournesol.

2° Elle verdit le sirop de violettes ; ce mélange conservé plusieurs jours ne change pas.

3° Elle n'a aucune action sur le papier coloré par le curcuma

4° Elle est légèrement colorée en fauve par la noix de Galles, surtout par l'addition de quelques gouttes d'acide nitrique ; si on augmente le réactif, après quelques heures, elle brunit ; la noix de Galles recueillie, exposée à l'air, passe au gris noir.

5° Le prussiate de potasse ferrugineux n'a aucune action sur cette eau ; l'addition dans le mélange de quelques gouttes d'acide hydrochlorique lui communique néanmoins une légère teinte verte.

6° Quelques gouttes d'eau de chaux en troublent la transparence ; elle s'éclaircit de suite, à moins qu'on n'y ajoute une plus grande quantité de ce réactif : alors elle se trouble et donne un précipité blanc très-abondant.

7° Si l'on y verse quelques gouttes d'ammoniaque liquide, elle se trouble, précipite et alors on remarque dans cette eau une zone blanche, composée de petits flocons nombreux et d'aspect magnésien.

8° L'oxalate d'ammoniaque y produit de suite un précipité blanc abondant. Même effet par l'acide oxalique.

9° Par le nitrate d'argent, précipité blanc et caséeux ; si on l'expose à la lumière, il noircit.

10° Le muriate de baryte la trouble et y forme un précipité insoluble dans l'acide nitrique.

11° L'arséniate de potasse n'a aucune action sur cette eau.

12° Le sous acétate de plomb y détermine de suite un précipité blanc, lourd, adhérant aux parois du verre ; long-temps exposé à l'air, il ne noircit pas.

13° La solution d'acétate de baryte y forme un précipité blanc, abondant et lourd.

14° La solution de carbonate de soude la blanchit de

suite; par l'addition de quelques gouttes d'acide nitrique, elle reprend sa transparence.

15° Si l'on y fait dissoudre du carbonate de potasse, après une demi-heure elle blanchit et dépose sur les parois du verre. Si l'on y verse alors de l'acide nitrique, il y a effervescence, elle perd sa blancheur et reprend sa transparence.

16° Aussitôt puisée, si on y verse quelques gouttes d'acide sulfurique, il s'en dégage beaucoup de bulles.

17° Si on y verse de l'alcool, environ un quart, elle se blanchit, et forme au fond du verre un dépôt caséeux, sa surface se couvre d'une pellicule d'un blanc sale.

18. Elle ne dissout pas le savon.

19° Elle se mêle avec le lait sans le grumeler.

Il résulte des expériences qui précèdent, que cette eau doit contenir du gaz acide carbonique libre, une matière alcaline, du fer, de la chaux, de la magnésie (1), de l'acide hydrochlorique, de l'acide sulfurique combinés, etc.

Les expériences au moyen des réactifs ont toujours donné les mêmes résultats quand elles ont été faites à la source. Comme aussi par l'évaporation on a obtenu à peu près les mêmes substances. Mais tout varie, sur le poids du résidu obtenu par l'évaporation faite sur les lieux. Cette différence est peut-être due à l'espèce de vase dont on s'est servi pour faire l'évaporation : les uns se sont servis d'une bassine en cuivre étamée, et les autres de capsules en porcelaine.

---

(1) Lorsque M. Collard a fait à la source l'analyse de ces eaux, la présence de la magnésie a surtout été décélée en traitant par un léger excès d'eau de chaux, filtrant, puis versant dans la liqueur limpide d'abord du phosphate neutre de chaux, ensuite quelques gouttes d'ammoniaque; il se forma un précipité floconneux et insoluble dans la potasse.

MM. Bagard et Thouvenel n'ayant pas donné le poids exact des substances fixes contenues dans ces eaux je ne rapporterai pas le résultat de leur analyse.

Celle de M. Nicolas, qui est la seule dont il soit fait mention dans les divers ouvrages qui ont parlé des eaux de Contrexéville, donne le résultat suivant : elles contiennent par pinte :

Carbonate de fer. . . , ...	un demi-grain.
Muriate de soude.	un grain et demi.
Sulfate de magnésie.	un demi-grain.
Sulfate de chaux. . . , ...	cinq grains.
Carbonate de chaux.	non apprécié.
Acide carbonique libre.	*idem.*

Celle faite sur les lieux par M. le professeur Fodéré, de Strasbourg, le 2 octobre 1827, a donné le résultat suivant : (Voyez le *Journal complémentaire du Dictionnaire des Sciences médicales*, cahier d'avril 1828).

Il s'est glissé quelques erreurs dans la description qu'il donne de la fontaine et de ses dépendances. Il dit qu'elle a quatre pieds de hauteur, ce qui ferait croire que c'est à cette hauteur qu'elle verse son eau; que son canal d'écoulement qui passe dans le jardin est garni en planche : il a mal vu, l'eau sort au niveau du sol et son canal d'écoulement passant entre deux allées de la promenade qui est au nord de la fontaine, est simplement creusé dans la terre et sans planches pour la soutenir.

L'analyse par les réactifs lui a fait reconnaître dans ces eaux la présence de l'acide carbonique, des carbonates, sulfates et muriates de chaux et de magnésie, du fer carbonaté, se précipitant à mesure de son exposition à l'air, et d'un peu d'*alumine*.

Quarante-quatre onces de cette eau ont été mises à évaporer avec précaution, dans une bassine en cuivre étamée;

au 45e degré de chaleur elle s'est troublée, est devenue blanche, et a exhalé une odeur de lessive; le résidu gris, brillant a été de cinquante trois grains, après l'avoir soumis à l'action de l'acool, de l'eau distillée et de l'acide muriatique, il trouva qu'il était composé comme il suit :

Sulfate de chaux de magnésie.	24	grains.
Carbonate de chaux etde magnésie et peut-être d'un peu d'alumine.	23	
Muriate de chaux et de magnésie.	1 1/2	
Oxide de fer, environ.	1 1/2	
Silice.	2 1/2	
Matière organique.	1/2	

Vingt-quatre grains du dépôt ocreux, pris dans le bassin, et soumis à une analyse soignée, lui a donné le résultat suivant :

Carbonate de chaux.	10 grains.
Sulfate de chaux.	7
Alumine.	4
Silice.	2
Fer.	1

M. Collard, de Martigny, s'est occupé de l'analyse de ces eaux, au mois d'octobre dernier; voici le résultat de son travail :

Quatre livres d'eau, évaporée au feu doux d'une lampe évaporatoire, et dans des capsules de porcelaine, ont laissé un résidu brillant, lamelleux et cristallin du poids de 4 grammes 559 milligrammes, lequel, successivement traité par l'alcool, à divers degrés de concentration, par l'eau froide et bouillante, l'acide hydrochlorique et le sous-carbonate de potasse à chaud a été trouvé composé de :

Sulfate de chaux.	2 gram.	159 millig.
— de magnésie.	0	043
Sous carbonate de chaux.	1	611
— de magnésie	0	033
— de soude.	0	007
Muriate de chaux.	0	076
— de magnésie.	0	023
Nitrate de chaux.	des traces.	
Protoxide de fer surcarbonaté	0	181
Silice.	0	356
Matière organique insoluble dans l'eau, soluble dans l'alcool surtout à chaud, peu soluble dans l'éther.	0	067
Perte.	0	003

On voit que cette analyse plus détaillée, plus précise, et faite avec le plus de précautions, diffère des deux précédentes par le nombre et la nature des principes salins; Nicolas n'annonce que six substances; M. Collard en a trouvé onze parmi lesquelles ne figure pas le muriate de soude qui entre pour un grain et demi dans l'analyse du pharmacien de Nancy : cette substance saline étant également rejetée par M. Fodéré, on doit en conclure que son admission dans les eaux de Contrexéville est due à l'imperfection des procédés chimiques, à l'époque où écrivait Nicolas. M. Collard admet aussi dans cette eau du sous-carbonate de soude et du nitrate de chaux que M. Fodéré n'y a point aperçus; il nie d'ailleurs formellement qu'on puisse y rencontrer de l'alumine : vainement s'est-il livré, à cet égard, aux recherches les plus minutieuses, et à Contrexéville dans mon laboratoire et chez lui.

Plus récemment, M. Collard a déterminé le volume, la nature et la proportion des gaz contenus dans l'eau de Contrexéville, ce qu'on n'avait pas fait encore. A zéro de température, et sous la pression de 0,770 de mercure, cette eau contient un peu moins que les deux tiers de son volume de gaz, composé à peu près ainsi qu'il suit :

Oxigène.	11
Azote.	30
Acide carbonique	59

Cette analyse des gaz n'a point été faite à la source; mais l'eau a été, par moi, puisée avec soin, recueillie dans un flacon, bouché à l'émeri, entièrement plein et soustrait à l'action de la lumière.

Enfin, d'après le même chimiste, le dépôt rouge ocracé que l'on trouve sur les parois du bassin où l'eau est reçue, sur les pierres et sur les herbages du trajet qu'elle parcourt, peut être regardé comme composé, sur deux décigrammes trente-trois milligrammes, de :

Peroxide de fer.	0—038
Sable siliceux	0—011
Sous carbonate de chaux.	0—104
— de magnésie	des traces.
— d'ammoniaque (1).	des traces.
Sulfate de chaux	0—071
Mousse.	0—007

M. Collard pense d'ailleurs que la composition de ce dépôt doit varier beaucoup, relativement à la proportion des

(1) La présence du carbonate d'ammoniaque dans l'eau de Contrexéville, ainsi que dans les eaux ferrugineuses de Passy où il a été rencontré par M. Chevalier, justifie davantage encore les travaux de MM. Austin, Vauquelin, Chevalier et Collard de Martigny, sur la formation de cet alcali, par suite des décompositions chimiques qui mettent l'hydrogène libre et naissant en contact avec l'azote atmosphérique.

principes; il croit que si réellement M. le professeur Fodéré y a trouvé de l'alumine, c'est que le dépôt analysé a été gratté sur une pierre alumineuse, car l'eau n'en contenant point elle-même, comment le dépôt en serait-il formé (1)?

---

(1) L'analyse des eaux de Contrexéville que M. Collard m'a communiquée est encore inédite et doit faire partie d'un mémoire étendu sur les eaux minérales des Vosges, qui sera inséré dans la statistique du département à laquelle travaille actuellement la Société d'Emulation d'Epinal, à l'aide du concours éclairé de M. de Champlouis, préfet des Vosges.

TROISIÈME PARTIE.

PROPRIÉTÉS MÉDICINALES DES EAUX DE CONTREXÉVILLE.

DE L'USAGE DE LA FONTAINE DU PAVILLON.

Le grand nombre de cures déterminées par l'usage des eaux de Contrexéville, dans diverses affections des voies urinaires, a seul fait leur réputation ; depuis une époque très-reculée elles attiraient les habitans du pays affectés de ces maladies, sans être connues au-delà d'un rayon de dix à douze lieues ; rien n'avait été écrit sur leur efficacité avant M. Bagard ; depuis elles ont acquis de la célébrité, et sont fréquentées par des personnes de tous les pays ; chaque année de nouveaux succès confirment leurs vertus spécifiques dans les maladies des voies urinaires.

Les eaux de Contrexéville sont prescrites, le premier jour, à la dose de deux ou trois verres le matin à jeun (le verre est du poids de dix onces), à un quart-d'heure d'intervalle ; si elles passent mal sur l'estomac, on met plus d'espace entre chaque verre ; les jours suivans on augmente d'un verre ; le dixième jour de la saison, on en porte le nombre de dix à quinze ; quelques personnes douées d'une forte constitution vont à vingt, et même au-delà, sans qu'elles s'en trouvent fatiguées ; pendant les quatre derniers jours de la saison, le buveur doit prudemment diminuer, pour la terminer par cinq ou six; sans cette précaution, il peut éprouver des douleurs d'estomac qui se renouvellent pendant plusieurs jours, à l'heure à laquelle on avait coutume de boire. Pour les faire cesser, il faut prendre quelques alimens ou boissons; un peu de sucre suffit ordinairement pour appaiser cette cardialgie.

Ces eaux se boivent, soit au lit, soit en se promenant; cette dernière manière doit être préférée, surtout par le beau temps.

Il est d'usage, à Contrexéville, de ne pas boire dans les bains, quand ils sont indiqués, de le faire seulement une demi-heure avant d'en sortir, non que les eaux incommodent le baigneur, mais afin d'éviter le désagrément de quitter le bain pour satisfaire aux évacuations alvines qu'elles occasionnent. Le bain se prend avant ou après avoir bu, mais ordinairement après.

Si, les premiers jours, on prend les eaux à trop haute dose, elles aggravent l'état du malade, et pourraient déterminer une rétention d'urines, accident observé déja plusieurs fois à Contrexéville, chez quelques buveurs indociles; ils doivent donc être prévoyans, et ne boire que proportionellement à la quantité d'urine qu'ils rendent, et à la facilité qu'ils ont à l'expulser, soit pendant leurs exercices, soit après. Chez les uns les eaux ne passent par les urines que quelques heures après avoir été bues, chez les autres dans la soirée seulement; en ce cas on doit être très-circonspect sur la quantité que l'on boit.

Si après les premiers jours, ceux qui les ont bues sans précaution se trouvent dans un état d'excitation ou de spasme, ils doivent de suite les discontinuer et avoir recours aux boissons douces et mucilagineuses, aux lavemens, aux bains, et quelquefois même aux saignées locales ou générales; après quelques jours, on peut recommencer à prendre les eaux, en les mitigeant par un véhicule approprié, et surtout boire graduellement, d'après l'effet qu'elles déterminent, puis mettre un grand espace entre chaque verre, mieux encore ne les boire que par demi-verre : si l'on présume que cet état d'excitation soit occasionné par l'acide carbonique, il faut exposer le verre à l'air libre pendant quelques minutes, pour en favoriser l'évaporation, et si, nonobstant ces précautions, les eaux déterminent encore de nouveaux accidens, il faut les quitter, car elles seraient plutôt nuisibles qu'utiles.

Ces eaux doivent être bues immédiatement après avoir été puisées; il faut autant que possible les boire à la source, le transport à l'air libre leur faisant perdre une partie de leur gaz extrêmement fugace. Si le buveur ne peut se rendre à la fontaine, on doit la recevoir dans une bouteille, la boucher avec soin, la renverser pour la lui porter, et chaque fois qu'il voudra boire envoyer chercher de nouvelle eau.

Si l'on craint l'activité de l'eau, le lait, l'eau de chiendent, de tilleul, de gomme sont les véhicules les plus propres à la mitiger. Ces adjuvans doivent être froids; quel que soit le véhicule que l'on ait choisi, on doit au plus en mettre un tiers de verre, et ce, avant de puiser l'eau qui doit être bue immédiatement après.

Il arrive quelquefois que cette eau irrite les dents, alors on y remédie en mâchant une croute de pain ou du sucre; cette dernière substance convient surtout quand, outre l'irritation des dents, elle détermine une sensation incommode à l'estomac, principalement chez les personnes qui digèrent mal.

Ces eaux transportées perdent une partie de leur gaz, et par là deviennent moins faciles à digérer, motif pour lequel on ne peut alors en prendre qu'un tiers, ou moitié au plus de ce qu'on en prendrait à la source. On remédie à cet inconvénient en prolongeant leur usage. Ayant conseillé à plusieurs personnes qui désiraient en boire chez elles d'y ajouter un peu d'eau gazeuse factice, ou d'eau naturelle de Seltz ou de Bussang, elles m'ont assuré que ce moyen rendait à l'eau de Contrexéville sa légèreté, et qu'elle devenait, surtout par l'addition de l'eau de Bussang, aussi facile à digérer qu'à Contrexéville même; cette addition ne peut nuire à son efficacité, et la rend, sous tous les rapports, préférable aux eaux factices qui sont loin de lui ressembler, tant par leur manière d'agir que par leur composition; de même qu'à la source, on doit les boire en se promenant dans un lieu chaud ou au lit.

Les précautions à prendre avant de venir aux eaux de Contrexéville ne regardent que les personnes douées d'une constitution éminemment sanguine; il est prudent de les préparer au voyage des eaux par une saignée; il en est de même des personnes du sexe qui viennent boire les eaux de Contrexéville, et qui sont sur le retour le l'âge, et douées d'une constitution sanguine; si elles n'ont pas pris cette précaution avant de se rendre aux eaux, on doit la leur conseiller dès leur arrivée, sans quoi les eaux pourraient leur occasionner une surexcitation qui les forcerait à suspendre la saison pour y avoir recours, entrave que j'ai encore observée en 1828, chez une femme; on doit aussi recourir aux boissons rafraîchissantes; quant aux purgations, elles sont inutiles, les eaux les déterminent suffisamment.

Les dames qui ont leurs règles, et même celles enceintes peuvent sans crainte boire les eaux de Contrexéville; seulement il faut en modérer la dose. Jusqu'alors l'observation a démontré qu'elles n'augmentaient pas sensiblement la quantité de sang que la buveuse perd ordinairement à chaque période menstruelle ; la seule remarque est qu'elles croyent s'apercevoir que le sang est plus vermeil ; plusieurs femmes enceintes en ont fait usage sans invonvénient, quoiqu'elles fussent affectées de gravelle, que l'action des eaux ait déterminé le départ de graviers rénaux d'un assez gros volume, et que ce départ ait été précédé de coliques néphrétiques assez violentes.

Des Saisons.

L'époque la plus favorable pour boire les eaux à la source est du quinze juin au quinze septembre ; l'air froid et humide de Contrexéville, dans le reste de l'année, ne pourrait être que nuisible aux buveurs. Ceux qui en ont besoin passé ce temps, doivent les boire chez eux, avec les précautions précédemment indiquées.

A Contrexéville une saison est de vingt-un jours, souvent on est obligé de la prolonger si l'on veut obtenir guérison. Lorsque l'on fait plusieurs saisons, on doit se comporter comme si l'on n'en faisait qu'une, c'est-à-dire, boire graduellement les eaux en recommençant et terminant de même, puis mettre quelques jours de repos entre chacune des saisons.

Du Régime.

Tout le monde sait que le régime le plus sévère doit être suivi quand on fait usage des eaux minérales ; ainsi on doit s'abstenir de viandes noires, de mets épicés, etc., etc., de vin liquoreux, de liqueurs, de café, etc., cependant les personnes dont l'habitude est d'user de café pour leur déjeûner peuvent le continuer; on doit se nourrir de potages, de viandes blanches bouillies et roties, de légumes frais, de fruits murs, de vin vieux coupé avec beaucoup d'eau; ce régime doit être continué après avoir quitté les eaux.

On ne doit rien prendre le soir, afin que l'estomac soit dans un état de vacuité complette lorsqu'on va boire le matin, et ne manger qu'une heure au moins après avoir bu.

A ce régime il faut joindre un exercice modéré, des promenades à pied, à cheval ou en voiture peu fatigantes, rechercher une société tranquille, éviter les réunions bruyantes, etc., se vêtir d'habillemens chauds et légers, pour entretenir la transpiration et éviter les mauvais effets des vicissitudes atmosphériques qui, ainsi que nous l'avons dit, sont brusques à Contrexéville; se coucher de bonne heure, se lever de même; ce précepte doit surtout être suivi par les graveleux qui, s'ils restent trop long-temps au lit, éprouvent une transpiration cutanée plus abondante, et par conséquent une diminution dans la portion aqueuse de leurs urines, ce qui favorise la précipitation d'une plus grande quantité d'acide urique ou de sels; les graveleux doivent donc éviter avec soin tout ce qui peut augmenter chez eux la transpiration cutanée.

De l'action des Eaux.

Je ne chercherai pas à expliquer la manière dont ces eaux agissent sur l'économie humaine, ni comment elles guérissent; ce serait discourir en vain, sans pouvoir répondre d'une manière satisfaisante à ces questions; on verra dans les observations que je rapporterai l'influence que ces eaux ont exercée sur les personnes qui les ont bues.

En général, les individus qui boivent les eaux de Contrexéville éprouvent les effets suivans : accélération de la circulation et de la respiration, augmentation de la transpiration insensible et de toutes les sécrétions muqueuses, des urines et des selles.

Comme les eaux accélèrent la circulation, on doit penser qu'elles sont nuisibles dans tous les cas où on a lieu de craindre une hémorragie, ainsi qu'aux personnes qui ont un anévrisme; la plupart des individus affectés d'hématurie, envoyés à Contrexéville pour cette maladie, ou qui en ont pris les eaux, ont été obligés de les discontinuer, leur état s'aggravant de jour en jour au lieu de s'améliorer. Un entre autre, contre l'avis du docteur Thouvenel, voulut persister à les boire, il lui survint un pissement de sang effrayant, qui ne céda qu'à un bain froid, et aux astringens à l'intérieur.

Les buveurs qui ont une affection de poitrine ne doivent boire que modérément les premiers jours, encore doivent-ils couper l'eau avec le lait pour en modérer l'activité; par ce moyen ils s'y habituent et peuvent finir par la boire pure; mais si, comme j'ai été à même de l'observer, elles augmentent la toux, il faut en laisser dégager le gaz, et ne la boire que coupée avec du lait; dans ces circonstances, le buveur doit, dans la journée, se mettre aux boissons douces telle que sirop de gomme, etc., pour détruire l'irritation pulmonaire que l'eau pourrait causer; bien entendu que si malgré les précautions la toux ou la difficulté de respirer augmentait, il faudrait discontinuer immédiatement de boire.

Chez quelques buveurs l'eau de Contrexéville augmente la transpiration pendant leurs exercices, de manière à les obliger de changer de linge, soin qu'ils ne doivent pas négliger s'ils ne veulent éviter la répercussion de la sueur; cette augmentation de transpiration très-favorable aux personnes affectées de catarres est souvent un moyen de guérison que l'on doit seconder par des bains, surtout quand on présume que le catarre est déterminé par la répercussion d'une maladie de peau, une intranspiration, etc. Cette eau n'augmente pas seulement les forces vitales des lymphatiques cutanés, mais encore de ceux de l'intérieur: j'ai vu un hydropique guérir par leur usage.

Elles augmentent l'action vitale des membranes muqueuses et leurs sécrétions, aussi, excrétions plus abondantes des crachats, du mucus nasal, etc.; mais cette action est bien plus sensible sur les membranes qui sont fluxionnées, elles en augmentent considérablement les sécrétions, les modifient, et les ramènent à leur type ordinaire; lorsque cette fluxion est déterminée par une cause métastastique, l'eau en facilite le déplacement et renvoye, si l'on peut s'exprimer ainsi, le vice qui l'a occasionnée, à son point de départ: c'est ce me semble par ce mécanisme qu'a lieu la guérison d'un catarre des voies urinaires, causé par un vice répercuté.

Elles sont éminemment diurétiques; en effet, quelques heures suffisent après leur ingestion pour qu'elles soient absorbées, élaborées par les reins et expulsées au dehors. Bien des buveurs, de quatre à neuf heures du matin, boivent de six à dix kilogrammes d'eau, même plus, et deux heures après le dernier verre elles sont rendues par les urines, et sur la fin, pour ainsi dire, sans être altérées; en effet, quand on en boit de douze à quinze verres, si l'on soumet les dernières urines, rendues à la fin de l'exercice du matin, à l'action des réactifs, ils y déterminent à peu près les mêmes phénomènes que ceux que l'on observe dans l'eau que l'on vient de puiser à la source, aussi pourrait-on douter, contrairement à l'opinion de physiologistes célèbres, si elle n'arrive pas à la vessie par une voie plus directe que le système sanguin. . .

Ces eaux parvenant à la vessie sans éprouver d'altération essentielle, conservent leur principe dissolvant et stimulant; parcourant aussi rapidement les voies urinaires, elles lavent leurs parois, en détachent les mucosités surabondantes ainsi que celles qui enveloppent les calculs ou graviers y contenus, séparent de ces derniers les couches encore peu durcies, augmentent les forces expulsives des organes urinaires et facilitent la chûte dans la vessie des graviers existants dans les reins ou les urétères; à son tour la vessie expulse avec plus de force l'urine qu'elle renferme et entraîne avec elle les mucosités ainsi que les calculs et graviers dont la grosseur est en proportion de l'ampleur du canal de l'urètre. (Voyez les mémoires de MM. Bagard et Thouvenel).

Ainsi que le docteur Thouvenel l'a avancé dans son mémoire, ces eaux dissolvent promptement les calculs vésicaux, autres que les muraux, que l'on y met digérer, surtout lorsqu'on les place dans un grand volume d'eau, que le vaisseau qui les contient est hermétiquement fermé et que l'on a soin de la renouveller tous les jours; la plupart des graveleux qui viennent à Contrexéville répètent cette expérience, et toujours obtiennent le même résultat.

Les personnes qui viennent à Contrexéville, ayant des calculs trop volumineux pour sortir par les voies naturelles, éprouvent, au moins la plupart, après que les eaux ont entraîné les glaires qui modéraient la sensibilité des voies urinaires et la couche muqueuse qui revêt ces calculs, des douleurs plus aigues qu'avant leur usage; si même on ne s'empressait de les discontinuer, elles occasionneraient une inflammation des plus intenses, et la mort même, lorsque ces calculs existent dans les reins.

Ces eaux portent aussi leur action sur les intestins et déterminent chez quelques buveurs de quatre à huit selles, et même plus, chaque matinée; ces selles quoique nombreuses n'affaiblissent point, elle donnent au contraire plus de forces aux voies digestives et augmentent l'appétit. Les évacuations ne diminuent en rien celle de l'urine, qui surpasse en volume l'eau bue ; les selles sont muqueuses, jaunâtres, et souvent teintes en noir, ce qui ne peut être dû qu'au fer contenu dans ces eaux. Dans quelques affections catarrales, les selles deviennent critiques : en ce cas elles sont muqueuses, liées, copieuses, rapprochées et nombreuses; alors le dépôt muqueux des urines perd de son odeur et de son volume, les besoins d'uriner s'éloignent, les forces expulsives de la vessie renaissent, et après douze ou quinze jours de ces efforts de la nature le catarre disparaît.

Chez un petit nombre de buveurs, elles déterminent un effet contraire. S'il y a constipation, il faut y remédier par les lavemens, les bains de siége, les bains entiers. Lorsqu'elle ne cède pas à ces moyens, un ou deux gros de sulfate de magnésie mis dans le premier ou deuxième verre d'eau y remédie; si elle persiste, on doit continuer les jours suivans l'usage du sel magnésien. Dans le cas où la constipation a lieu chez un goutteux, il ne doit pas négliger cet adjuvant aux eaux. S'il éprouvait de la répugnance pour ce sel, on pourrait le remplacer par la magnésie, à la dose de quarante grains à un gros, qui remplirait le même but; les évacuations par les selles sont très-favorables à ce genre de maladie.

Des buveurs se plaignent qu'elles leur portent à la tête, leur occasionnent une espèce d'ivresse (elle n'est due qu'à l'acide carbonique de ces eaux, on l'évite en exposant son verre à l'air un instant avant de boire) (1) de la fatigue dans les membres abdominaux et un accablement général. Ces effets ne sont que de courte durée, mais se renouvellent chaque matin pendant les huit ou dix premiers jours de la saison. Ces légères incommodités sont remplacées par un sentiment de bien être général.

L'appétit augmente ordinairement après sept à huit jours et se soutient le reste de la saison. La digestion, qui quelquefois est lente dès le principe, devient prompte et facile, si le buveur a soin de ne pas trop se livrer à son appétit, qui souvent est excessif, et de faire choix d'alimens faciles à digérer.

Quelques buveurs ont le sommeil mauvais les premières nuits; cette insomnie ne dure pas, je l'ai vue ne céder qu'à l'usage, avant de se coucher, d'une ou deux tasses d'infusion de fleurs d'oranger, d'autres fois nécessiter la décoction de têtes de pavot ou du sirop diacode : elle ne résiste pas à ces moyens, quand l'insomnie n'est occasionnée par aucune douleur.

De l'Usage extérieur des Eaux.

On emploie avec avantage ces eaux en lotions sur les contusions et les enchymoses, pour en faciliter la résolution, sur les ulcères, afin d'en activer les propriétés vitales et faire marcher plus promptement la cicatrisation. Lorsque des scrophuleux ou dartreux ont des ulcères, et qu'ils boivent

(1) Ce phénomène est une nouvelle preuve ajoutée à toutes celles que M. Collard a développées à l'appui de son opinion, que l'acide carbonique jouit d'une influence délétère active sur le système nerveux. (*V.* Archives générales de médecine, avril 1827, de l'acte ou du gaz acide carbonique sur l'économie animale, Mémoire lu à l'Institut le 26 juin 1826.)

ces eaux, ils doivent outre leur usage interne, faire des lotions souvent répétées et même y appliquer de la charpie et des compresses imbibées de ces eaux. Souvent elles y déterminent un changement favorable; on voit après dix à douze jours de leur emploi, les bords de ces ulcères, qui étaient élevés, durs et calleux, s'affaisser; le pus, de sanieux, devenir de bonne qualité, et la cicatrice marcher assez rapidement.

Elles sont aussi d'une grande utilité en injections dans les catarres de l'urètre, du vagin et du rectum; on doit les chauffer d'abord, et insensiblement s'en servir à peu près froides.

Elles sont un très-bon collyre dans les ulcères des glandes de Meibomius.

De l'Usage de la Source des bains.

Cette source est uniquement destinée à alimenter les bains et les douches. Étant froide, elle perd quand on la chauffe, une partie de ses principes minéraux; les uns s'évaporent et les autres se précipitent par l'ébullition, et s'attachent aux parois de la chaudière, ce qui fait que ces bains rentrent à peu près dans la classe des bains domestiques ordinaires. Cependant, quel que soit le temps que l'on reste dans un bain, il détermine une action tellement marquée sur la peau, que ses vaisseaux absorbans semblent avoir acquis une nouvelle énergie, car quelques secondes après qu'on est sorti du bain, elle est ressuyée.

Les bains ne sont à Contrexéville que des moyens auxiliaires pour seconder l'effet des eaux.

Les graveleux à qui ils conviennent sous tous les rapports, doivent en prendre souvent, mais seulement après avoir bu. Car si, comme j'ai été à même de l'observer bien des fois, les eaux occasionnent une surexcitation ou un spasme de l'appareil urinaire, le bain les fait disparaître, et ordinairement c'est dans le bain ou peu après en être sorti, qu'ils rendent les graviers d'une certaine grosseur.

La température des bains ne doit pas excéder vingt-sept à vingt-huit degrés de Réaumur.

Les affections catarrales chroniques des voies urinaires, pour lesquelles on vient à Contrexéville, n'en réclament pas aussi souvent l'usage, à moins qu'elles ne soient déterminées par la rétrocession d'une maladie de peau ou entretenues par des calculs ou graviers; dans ce cas ils facilitent le départ de ces derniers, et le retour à l'extérieur du vice qui les occasionne, et par conséquent concourent à la guérison de l'affection catarrale. Si l'on soupçonne que le vice soit psorique ou herpétique, ils faut rendre les bains sulfureux.

Quelques autres maladies traitées à Contrexéville en nécessitent encore le secours.

On les conseille rarement aux goutteux, afin de ne pas augmenter la transpiration qui leur est moins favorable que les évacuations par les urines et les selles, à moins qu'il n'y ait complication de gravelle.

On trouve à l'établissement tout ce qui est nécessaire pour composer les bains factices, qui, par leur genre de minéralisation, peuvent être utiles aux buveurs qui doivent en faire usage.

Des Douches.

Les douches ont trois mètres de chute; leur diamètre est de quatorze à vingt-huit millimètres; à cet effet, on change les ajustages, ainsi que pour les rendre en arrosoir.

La douche reçue sur les lombes a paru favorable pour y

déterminer un ébranlement qui se transmet aux reins et aux uretères, en active les propriétés vitales et semble faciliter la chute dans la vessie des graviers qui pourraient y stagner.

Elles sont aussi employées avec utilité dans les affections catarrales, en les dirigeant tant sur la colonne vertébrale que sur les flancs et la région de la vessie, au-dessus du pubis.

Il est aussi d'autres maladies traitées à Contrexéville, à qui les douches conviennent; telles sont, chez les goutteux les nodus, la roideur des articulations, etc.; chez les scrophuleux les tumeurs indolentes, etc. La douche a paru être plus favorable aux buveurs graveleux, avant qu'après le bain.

Dans quelques affections catarrales du rectum, du vagin, de la vessie, de paralysie de ces organes, la douche ascendante dirigée soit dans le rectum, le vagin, ou sur le périnée, est d'une grande ressource pour aider à leur guérison, de même que dans le cas d'hémorroïdes ou de règles supprimées.

QUATRIÈME PARTIE.

OBSERVATIONS

SUR LES MALADIES TRAITÉES A CONTREXÉVILLE.

Les maladies dont je vais rapporter les histoires ont été traitées uniquement par l'usage des eaux de Contrexéville; si dans quelques cas particuliers on a joint à leur usage des boissons ou des médicamens, j'en ferai mention dans l'observation du malade qui en aura usé.

Je n'entrerai dans aucunes considérations sur la nature et les symptômes de ces maladies; seulement je rapporterai ce que les malades éprouvaient avant leur arrivée aux eaux, soit que l'histoire de leur maladie soit faite par un médecin ou que le malade l'ait racontée lui-même; ce qu'ils ont éprouvé pendant leur séjour à Contrexéville, et enfin ce que j'aurai pu recueillir concernant leur santé depuis qu'ils ont quitté les eaux.

La première observation que je vais rapporter est celle qui fit connaître à l'illustre Bagard les vertus bienfaisantes de l'eau de Contrexéville contre les maladies calculeuses des voies urinaires. Je vais la rapporter telle qu'il la fit connaître dans son mémoire imprimé en 1760, et comme la personne qui en fait le sujet vient encore de me la raconter; elle existe encore, et habite Bulgnéville, distant de six kilomètres de Contrexéville; depuis qu'elle a rendu un calcul par l'effet des eaux de Contrexéville, elle n'a eu aucun ressentiment de cette fâcheuse maladie; elle est mère de cinq enfans, qui tous en sont exempts.

Mademoiselle Desmarets, aujourd'hui veuve d'un officier supérieur de l'ancien régiment de la reine, et habitante de Bulgnéville, « étant âgée de dix ans, était tourmentée de la pierre; on la conduisit à Lunéville pour souffrir l'opération de la taille, ayant déjà été sondée auparavant, et condamnée à cette cruelle opération; la saison ne s'étant pas trouvée propre, on la différa. Cette enfant maigrissait tous les jours, et on attendait une mort certaine.

« On la fit venir à Bourmont, qui n'est pas éloigné de Contrexéville, et dès le premier printemps, qui était celui de 1759, on lui fit prendre les eaux de Contrexéville qu'on allait puiser à la fontaine.

« Elle se trouva d'abord beaucoup soulagée, elle commença à retenir ses urines et à reprendre de l'embonpoint; ayant continué les eaux à l'arrière saison, elle s'est trouvée de mieux en mieux.

« Enfin, elle est allée au printemps dernier à Contrexéville, où elle a passé une quinzaine de jours, et est revenue à Bourmont. Quelques jours après son retour, elle ressentit des douleurs très-aiguës à la vessie et au col de cet organe, qui lui causèrent une espèce de faiblesse, le lendemain pareil accident lui survint, elle prit le pot de chambre pour uriner, elle rendit à ce moment, sans peine, une pierre de la grosseur d'une grosse balle de calibre, mais irrégulière, qui tomba comme un plomb dans le pot.

« Cette pierre que nous possédons, et qui nous a été envoyée par une personne célèbre dans le barreau, aussi distinguée par ses talens que par ses connaissances dans l'histoire de Lorraine, et aussi amateur de l'exacte vérité qu'elle est remplie d'humanité, et près parent de cette jeune demoiselle, cette pierre, dis-je, a toutes les marques extérieures d'avoir eu un plus gros volume ; on y remarque des tubérosités et des enfoncemens qui font juger que les eaux de Contrexéville en ont détaché des fragmens, que cette pierre s'étant introduite dans le sphinctère de cette jeune demoiselle, a occasionné les grandes douleurs qu'elle a souffertes deux jours avant la sortie de ce corps étranger, que ces grandes douleurs ont forcé la pierre d'enfiler l'urètre, et qu'elle est enfin sortie en urinant.

« Comme les eaux de Contrexéville contiennent des parties ferrugineuses, un acide minéral, et du savon, elles seront très-utiles dans les cas d'épuisement de la bile, et dans les obstructions du foie, avec d'autant plus de raison que ces eaux ont quelques vertus purgatives ; nous les avons conseillées à plusieurs personnes qui en ont ressenti toute l'efficacité (1).

DE LA GRAVELLE ET DES CALCULS URINAIRES.

Je diviserai cette affection en simple, accidentelle et compliquée : simple, quand le malade ne rend que du sable, des graviers, des calculs ; accidentelle, quand un calcul aura pour noyau un corps étranger ; compliquée, lorsqu'en outre il y aura catarre, goutte ou toute autre maladie.

---

(1) Le docteur Bagard ne connaissait pas les propriétés purgatives très-marquées des eaux de Contrexéville, cela n'étonnera pas quand on saura que jamais il n'a suivi l'administration de ces eaux à la fontaine, qu'il n'en parle que sur le rapport qui lui en fut fait par des personnes étrangères à l'art de guérir, qui, sans doute, ont mal observé leur action sur le canal intestinal,

DE LA GRAVELLE SIMPLE.

Première observation.

M. de Saint-P., ancien officier de cavalerie, âgé de 50 ans, d'une assez forte constitution, avait joui d'une bonne santé jusqu'en 1806, où il éprouva pour la première fois une colique néphrétique, ayant son siége au rein gauche; cette colique fut suivie de l'émission de deux petits calculs, et de beaucoup de sable qui, d'après l'analyse qu'il en fit faire, étaient composés d'acide urique. Mêmes accidens en 1807 et 1808; il rendait habituellement du sable avec ses urines, nonobstant divers moyens qu'il employa successivement pour s'en préserver, il vint à Contrexéville en 1809, et commença l'usage des eaux, le 11 juin, par trois verres; le 17, il en but douze; le 30, il finit sa saison par cinq; l'effet des eaux fut secondé par des bains entiers, de deux jours l'un.

Le quinzième jour de sa première saison, il ressentit une douleur sourde à la région du rein gauche, elle persista, sans augmentation, jusqu'au 1er juillet, premier jour de sa seconde saison; ce jour il fut se promener à Pudo, et après un quart-d'heure de marche, augmentation de la douleur; rentré chez lui, l'application du linge chaud la fit diminuer; il eut une assez bonne nuit.

Le 2 juillet il but cinq verres; un bain; dans l'après midi la douleur devint très-vive, descendit le long de l'uretère, et par un effort qu'il fit pour vomir, elle cessa subitement, la chûte d'un gravier dans la vessie ramena le calme, suivi de l'émission de beaucoup d'urines teintes de sang, qui charièrent du sable; dans la nuit il rendit facilement, et sans douleur, un gravier anguleux, d'un rouge noir, de la grosseur d'un noyau de cerise.

Le 4, douze verres; il charie du sable avec ses urines, qui perdent leur teinte sanguinolente.

Le 10, même quantité d'eau, un bain, point de sable avec ses urines; il quitta les eaux le 20 juillet, bien portant; y revint en 1810, plutôt par reconnaissance que par besoin, n'ayant éprouvé aucun ressentiment de cette fâcheuse maladie, jusqu'en 1828, où il jouissait encore d'une parfaite santé (M. Thouvenel).

Deuxième observation.

M. le duc de... avant l'émigration, avait éprouvé, à diverses reprises, des coliques néphrétiques, qui toutes avaient leur siége au rein gauche; elles furent suivies d'émission de graviers plus ou moins gros et de beaucoup de sable; par le conseil du docteur Thouvenel, il se rendit à Contrexéville pendant l'été de 1788 et 1789, pour y boire les eaux; elles lui firent rendre beaucoup de sable, surtout la première année, et il n'eut aucun ressentiment de cette douloureuse maladie, jusqu'à l'hiver de 1809 à 1810, qu'il s'aperçut qu'il recommençait à charier du sable par ses urines; il se rendit à Contrexéville, où il fit une saison.

Le cinquième jour de la saison cinq verres d'eau; il rendit des urines troubles avec beaucoup de sable très-fin; en urinant chaleur incommode le long du canal de l'urètre.

Le sixième, il but sept verres; un bain, urines comme la veille; pesanteur au rein gauche; la chaleur du canal de l'urètre est remplacée par un prurit au gland, avant et après avoir uriné.

Le septième, neuf verres, même état que la veille; en enjambant la cuve pour prendre un bain, il ressentit une douleur des plus aigües le long de l'uretère, qui se fit encore ressentir plus vivement à l'extrémité du gland; de suite besoin d'uriner, il rend cinq petits paquets de glaires qui étaient ainsi que les urines teintes de sang; il resta deux heures dans le bain, pendant ce temps il but plusieurs tasses d'eau de graines de lin, urina souvent, avec la précaution de le faire dans un urinal; une heure après la douleur passée, il rendit, sans le sentir, un gravier de la grosseur d'un grain d'épinards, ayant trois pointes acérées et enveloppées de glaires; dans la nuit les urines ne furent plus teintes, et les incommodités qui avaient précédé ce départ disparurent; depuis il jouit d'une bonne santé, sous ce rapport; il revint les années suivantes boire les eaux comme moyen prophilactique, jusqu'à sa mort, arrivée en 1814 (Thouvenel).

Troisième observation.

M. F...... habite Paris, est dans la force de l'âge, jouissant d'une bonne santé, à l'exception cependant que depuis quelques mois il avait des envies fréquentes d'uriner, par fois douleur en les satisfaisant, surtout à l'extrémité du gland, ce qui le décida à venir à Contrexéville, en 1815, où il passa un mois; pendant son séjour aux eaux, il rendit à différentes fois un peu de sable, sans amener de soulagement à son état, sinon qu'il urinait moins souvent et avec moins de douleurs; un mois après avoir quitté Contrexéville, il ressentit tout-à-coup un pressant besoin d'uriner, et rendit, sans douleur, un gravier de la grosseur d'un pois, ce qui a fait disparaître les envies d'uriner, et les douleurs en urinant. M. F...... revient de deux ans l'un à Contrexéville, autant par reconnaissance que pour éviter de nouveaux accidens.

Quatrième observation.

M. le comte de Jou., conseiller à la cour de cassation, ancien conseiller d'état, âgé de 60 ans, bien constitué, avait toujours joui d'une bonne santé; étant conseiller d'état il se livra à un travail très-assidu, et c'est de cette époque que date l'affection graveleuse qui l'a amené aux eaux de Contrexéville, le 29 juin 1818.

Avant son arrivée aux eaux, il avait éprouvé sept attaques de néphrite, dont six au rein gauche et la dernière au droit qui fut la plus violente; toutes furent suivies d'émission de graviers plus ou moins gros, inégaux et de couleur roussâtre; par l'analyse, on reconnut qu'ils étaient composés d'acide urique; chaque nuit il rendait beaucoup de sable avec ses urines qui étaient très-acides, et coloraient en rouge le sirop de violette; elles déterminaient en passant par le canal de l'urètre une forte irritation, surtout celles de la digestion.

Il commença sa saison par quatre verres, en porta le nombre à douze, en augmentant d'un chaque jour, le dix-huitième il diminua de deux verres, et la finit comme il l'avait commencée, par quatre. L'usage des eaux était secondé par des bains entiers de deux jours l'un, et dans l'après-midi, ainsi qu'avant de se coucher, par quelques tasses d'eau de graine de lin; quelquefois on ajoutait à celles qu'il buvait avant de se coucher du sirop de diacode, quand les douleurs en urinant étaient trop vives.

Le dixième jour de la saison, il ressentit une douleur sourde au rein gauche, laquelle suivait la direction de l'uretère, deux jours après elle fut pendant quelques minutes des plus aiguës et cessa tout-à-coup; dès ce moment chaque envie d'uriner était annoncée par un pincement à l'extrémité de la verge; et après deux jours de cet avertissement, il rendit un gravier de la forme d'un gros pois aplati, couvert d'aspérités, d'un jaune clair; sa sortie fut assez douloureuse et suivie de l'écoulement de quelques goutelettes de sang; depuis ce départ le malade ne se plaignait plus que d'un léger embarras au rein gauche, ce qui fit présumer la présence d'autres graviers; en effet, il rendit dans le mois qui suivit son départ des eaux, sans doulenr, trois petits graviers, à cinq à six jours d'intervalle; il ne s'en aperçut qu'en les entendant tomber dans son pot de nuit, dès-lors l'embarras des reins cessa; depuis le mois d'août 1828, jusqu'à sa mort, en mars 1822, suite d'une fluxion de poitrine, il n'a rien éprouvé qui lui fît craindre une récidive de gravelle.

Cinquième observation.

M. M.... de Nancy, âgé de 17 ans, d'un tempérament sanguin, d'une bonne constitution, avait ressenti, dès l'âge de quinze ans, des douleurs aux reins, suivies de la sortie de beaucoup de sable, pourquoi on lui conseilla les eaux de Contrexéville, bues à la source; il vint en 1818 prendre une saison, et les eaux ayant déterminé le départ de beaucoup de sable rougeâtre, il se trouva soulagé; les douleurs, quoique moins vives, continuèrent, il vint encore les prendre en 1819 et 1820; pendant cette dernière saison le sable et les douleurs disparurent, il se crut guéri, mais au printemps de 1821 elle se réveillèrent, et peu de jours après il commença à rendre du sable, il arriva cette année à Contrexéville sur la fin de juin, se plaignant de fortes douleurs à la région des reins, d'envies fréquentes d'uriner, avec prurit le long du canal de l'urètre à chaque émission d'urines; l'usage des eaux et des bains entiers lui firent rendre beaucoup de sable et trois petits graviers d'un brun noirâtre; après quoi, disparurent l'une et l'autre de ces infirmités : il quitta les eaux le 29 août, très-bien portant.

Il revint les prendre en 1822, quoique n'ayant rien ressenti qui puisse lui faire craindre une récidive de l'affection graveleuse qui l'avait amené aux eaux les années précédentes; il continua à se bien porter.

Sixième observation.

M. Leppman l'aîné, négociant à Besançon, d'une très-forte constitution, était affecté de gravelle depuis 1814, et rendait très-souvent des graviers de diverses formes et assez gros; un entre autres qui, s'étant arrêté dans la fosse naviculaire, nécessita la dilatation par incision pour pouvoir être extrait; tous les moyens qu'il employa pour se guérir furent infructueux; les eaux de Luxeuil, dont il fit usage pendant plusieurs années, furent aussi sans succès, ce qui le détermina à prendre celles de Contrexéville à la source, où il arriva le 7 juin 1819.

A son arrivée il se plaignait d'une douleur sourde à la région du rein gauche, d'envies fréquentes d'uriner, d'un prurit incommode à l'extrémité du gland après avoir uriné; ses urines étaient foncées en couleur, elles avaient une odeur acide bien marquée, colorant en rouge le sirop de violette; du reste il jouissait d'une bonne santé.

Le lendemain de son arrivée il but trois verres d'eau, en augmenta de beaucoup le nombre les jours suivans, de manière à en boire de vingt à vinqt-cinq au douzième jour de sa saison; à l'usage intérieur des eaux, on joignit celui des bains entiers.

Dès le cinquième jour de son arrivée à Contrexéville, il

rendait, chaque fois qu'il urinait, pendant son exercice du matin, plusieurs graviers, quelquefois cinq et même sept en une seule fois, de sorte qu'il en rendit, dans les vingt premiers jours, plus de cinq cents : ces graviers étaient de différentes formes, et variaient, en grosseur, d'un grain de navette à un noyau de cerise ; ils étaient composés d'acide urique, coloré par l'urée.

A la fin de la première saison, succéda à l'émission des graviers un sable fin, de couleur rougâtre, qu'il rendait seulement pendant la nuit, et qui disparut le huitième jour de la seconde saison ; alors les urines redevinrent naturelles, elles perdirent la faculté de colorer en rouge les couleurs bleues végétales ; il quitta les eaux le 11 juillet, laissant à Contrexéville toutes les infirmités qu'il y avait apportées.

En 1820, il vint y passer une saison plutôt par reconnaissance que par besoin, car depuis son départ des eaux il a joui d'une bonne santé, et n'a eu aucun ressentiment de la maladie qui l'y avait amené en 1819.

Ayant éprouvé une légère attaque de goutte pendant l'hiver de 1822 à 1823, il est venu cette dernière année aux eaux, espérant en obtenir le même succès que pour la gravelle, dont il n'a aucun ressentiment depuis 1819. Son espoir n'a pas été trompé, et chaque année il vient à Contrexéville, pour puiser à la source de nouvelles armes contre ses fâcheuses maladies.

Septième observation.

Mme Dumont la mère, commerçante, à Besançon, d'une forte constitution, éprouvait assez souvent depuis plusieurs années des coliques néphrétiques, qui toujours étaient suivies de l'émission de graviers assez gros. Déterminée par le bien-être qu'avait obtenu M. Leppman de l'effet des eaux de Contrexéville, elle y arriva dans les premiers jours d'août 1819. Elle rendit à plusieurs reprises du sable et quelques graviers, ce qui fit disparaître les douleurs de reins qu'elle éprouvait continuellement avant son arrivée, ainsi que les envies fréquentes d'uriner ; se croyant guérie, elle les quitta le 28 août. Les mêmes accidens s'étant renouvelés pendant l'hiver de 1820 à 1821, elle revint cette année aux eaux ; y arriva le 8 août, et en partit le 31. Pour cette fois son espoir ne fut pas trompé, car elle se porte bien, et n'avait au mois de juillet 1828, rien éprouvé qui lui fît craindre une récidive de la maladie qui l'avait engagée à se rendre à Contrexéville.

Huitième observation.

M. Collet, avocat à Besançon, éprouvait depuis assez long-temps des douleurs néphrétiques des plus vives, et rendait par fois des graviers avec les urines, ce qui le détermina à venir boire les eaux de Contrexéville à la source. En s'y rendant chaque cahos de la voiture le faisait horriblement souffrir, et il y arriva très-fatigué le 15 juillet 1821.

Il passa dix-huit jours à Contrexéville, et ce temps suffit pour qu'il y laissât ses douleurs ; il en repartit le 3 août, et quoique retournant chez lui sur un simple chariot, il n'éprouva aucune souffrance, et depuis continue à jouir d'une bonne santé.

M. Collet m'écrivit le 18 janvier 1825; il termine sa lettre en ces termes : « Je conclus que les eaux de Contrexéville m'ont fait le plus grand bien, et qu'elles m'ont guéri de mes coliques néphrétiques dont je n'ai eu aucun ressentiment depuis que je suis allé les boire à la source, en 1821. »

Neuvième observation.

M. Coste, négociant à Lyon, fut affecté, en 1820, d'un abcès dans la vessie, qui fut guéri dans l'espace de deux mois par des bains de siège et des tisannes rafraîchissantes. Pendant ce traitement il rendit abondamment du pus avec ses urines.

En 1821, il se déclara chez lui des symptômes de gravelle; qui s'annonçaient par des coliques néphrétiques se renouvelant de quinze en quinze jours ou trois semaines au plus. Chaque colique était suivie de l'émission de plusieurs graviers. Divers moyens mis en usage pour le débarrasser de cette maladie furent sans succès. Il se rendit à Paris pour consulter un des médecins célèbres de la capitale; ce médecin lui conseilla les eaux de Contrexéville, où il arriva le 19 août 1822. Il y fit une saison pendant laquelle il rendit beaucoup de sable et de graviers, sans éprouver la plus légère douleur par leur passage des reins dans la vessie, passage qui, avant l'usage des eaux, était des plus doulonreux. Il quitta Contrexéville le 9 septembre, dans un état de santé très-satisfaisant.

Il revint à Contrexéville, en 1823. Par une note qu'il m'a laissée sur son état de santé, il dit que depuis son départ des eaux jusqu'en avril de cette année, il n'a eu qu'une légère altération dans les fonctions urinaires, une fois seulement, et que depuis il n'a rien éprouvé, ce qui l'autorise à croire qu'il a été guéri par les eaux de Contrexéville; pendant sa saison de 1823, il n'a rien rendu avec les urines. Il a quitté le 29 août très-bien portant, avec l'intention d'y revenir s'il éprouvait la plus légère incommodité.

Dixième observation.

M. Morin, ancien entreposeur des tabacs, âgé de 69 ans, d'une forte constitution, était affecté depuis nombre d'années d'un varicocèle, et depuis environ cinq ans de gravelle, ce qui lui occasionnait fort souvent des coliques des plus aigues, toujours suivies de la sortie de graviers assez gros. Lorsqu'il marchait beaucoup, ou qu'il voyageait dans une voiture dure, il rendait des urines teintes de sang, quelque fois avec de petits caillots assez durs. Il n'avait rendu ni sang, ni graviers depuis plusieurs mois, même pendant son voyage : à son arrivée aux eaux, il se plaignait d'une douleur sourde à la région des reins, plus sensible au côté gauche. Du reste parfaite santé.

Le 5 juin, il commença à boire les eaux à la dose de trois verres et prit un bain.

Le 9, dix verres, continuation des bains, même état qu'à son arrivée, sinon que les eaux le purgent plusieurs fois chaque matinée.

Le 12, douze verres, bain, douleur plus sensible aux reins, se prolongeant le long des uretères, par fois pincement vif au gland. Dans la soirée, plusieurs vomissemens spontanés, sans efforts et sans douleur. Plusieurs selles liquides dans la journée; dans la nuit il rendit beaucoup de sable.

Le 13, douze verres, les douleurs furent les mêmes dans la matinée, il continua à rendre des sables très-gros et en grande quantité. Il vomit sans effort et sans douleur son dîné, quoiqu'ayant mangé avec appétit. Dans la journée quelques tasses d'infusion de fleur d'oranger gommée.

Le 14, même état que la veille, les eaux passèrent bien, il perdit l'appétit et vomit tout ce qu'il mangea, comme par regurgitations. Dans la nuit, cessation de la douleur des reins et des uretères.

Le 15, les eaux passent bien; il ne vomit pas le peu d'alimens qu'il a pris. Sur le soir, envies fréquentes d'uriner; pendant le sommeil, il fut éveillé par un grand besoin d'uriner, sans pouvoir le satisfaire; vive douleur le long du canal de l'urètre. Il fit un effort pour vaincre ce besoin, et rendit en une seule fois quatorze graviers plus ou moins gros, dont cinq comme des grains de café moka. Tous avaient des facettes lisses, légèrement enduites de mucus, ce qui indiquait qu'elles formaient un tout par juxta-position.

Le 16, huit verres; le premier lui détermina un vomissement bilieux copieux; les autres passèrent bien. Il urina considérablement dans la matinée, et rendit beaucoup de sable.

Le 17, à deux heures du matin, il eut un besoin d'uriner et ne put le satisfaire; de suite vomissement muqueux abondant: l'eau de fleur d'oranger fut vomie aussitôt qu'ingérée. Point d'eau minérale. A huit heures un bain dans lequel il rendit en une seule fois cinq graviers. Une heure après, trois autres, dont un fort gros, de forme ronde, ayant neuf facettes lisses bien marquées. Les urines furent abondantes et entraînèrent beaucoup de sable. Dans la soirée le malade fut bien: il ne vomit pas ce qu'il mangea.

Les 18 et 19, il se trouva bien, but huit verres d'eau minérale. Dans la nuit du 19, ses urines furent légèrement teintes de sang.

Le 20, elle furent moins colorées que la nuit, il vomit son dîner. Dans la nuit, il rendit cinq caillots de sang très-durs avec les urines.

Les 21 et 22, huit verres; point de vomissemens, il rend

avec ses urines peu abondantes quelques caillots de sang noir et dur. Perte totale de l'appétit, regret d'être venu seul aux eaux.

Le 24, huit verres; l'eau passe très-bien, urines claires, rares, qui ne charient plus, constipation; le peu qu'il mange est vomi; regrets plus vifs d'être éloigné de chez lui.

Le 25, il discontinua de boire, vomit tout ce qu'il ingéra; répugnance pour toutes sortes d'alimens; toujours constipation, sans rendre les lavemens; la nostalgie fait des progrès; il pleura en parlant de chez lui, diminution croissante de ses forces.

Le 26, tous ces symptômes alarmans firent des progrès, urines rares et incolores.

Le 27, je lui proposai de retourner au sein de sa famille, l'assurant qu'il était assez fort pour entreprendre ce voyage. Le contentement se peignit sur sa figure, il se sent mieux, sort de son lit pour s'occuper de son départ. Ses forces s'accrurent sensiblement; il put se promener plusieurs heures dans la journée. Il eut dans la matinée deux selles spontanées; pendant la deuxième il sentit un corps dur passer avec ses urines. Il fit dans la journée trois repas avec plaisir, sans vomissement; sommeil pendant la nuit, ce qui n'était pas arrivé depuis cinq à six jours.

Le 28, il se sentit mieux portant qu'avant son départ pour les eaux; toutes ses forces revinrent avec l'espoir de rentrer chez lui. Il déjeûna avec plaisir et se mit en route pour Mirecourt; en y arrivant il rendit encore un calcul assez gros. Ces six lieues ne l'ayant pas fatigué, il repartit de suite pour Nancy, où il arriva le même jour bien portant et sans aucune incommodité. Le lendemain il se mit en route pour son pays, où j'appris qu'il était arrivé sans avoir éprouvé aucune souffrance du voyage. L'année suivante il n'avait eu aucune récidive de sa maladie.

Onzième observation.

M. G...., génevois, d'une bonne constitution, ayant beaucoup d'embonpoint, jouissant habituellement d'une bonne santé, a le canal de l'urètre très-ample, urine par un gros jet, n'a jamais éprouvé de colique néphrétique ni de maux de reins, mais a rendu à plusieurs reprises des graviers assez gros de différentes formes, et tous d'un jaune clair (urate d'ammoniaque); n'ayant point éprouvé d'accès de néphrite, ils se formaient (on doit le supposer) dans la vessie. Pour se débarrasser de cette fâcheuse maladie, il se mit à un régime sévère, ne se nourrissant que de légumes et de laitage pendant dix-huit mois, ne mangeant que très-rarement des viandes blanches, ne prenant que des boissons aqueuses, point de vin, de café, etc.; il se croyait guéri, lorsqu'il arriva à Contrexéville, le 27 juin 1826, car depuis dix mois il n'avait éprouvé aucun signe rationel de la présence du calcul qu'il portait encore dans sa vessie. Il ne ressentit rien de remarquable dans sa position jusqu'au dix-neuvième jour de la saison, si ce n'est qu'il rendit dans les premiers jours quelque peu de sable et de mucosités. Le 16 juillet, en urinant le soir, il eut tout à coup une douleur très-vive à la racine de la verge, et de suite les urines ne sortirent plus que par gouttes. Les besoins d'uriner furent dans la nuit assez fréquents, mais peu douloureux; il sentit qu'un corps étranger s'était engagé dans l'urètre, il chercha même à le faire marcher par quelques frictions, mais sans succès.

Le 17, un bain; il but beaucoup d'eau minérale, et parvint à le faire marcher jusqu'à la fosse naviculaire; étant hors de son bain, il résista autant qu'il le put au besoin d'uriner, et dans un pressant besoin, poussant avec force, il jeta au loin un calcul qui était engagé depuis seize heures dans l'urètre. Il est d'un jaune clair, lisse, de forme ovale, aplati sur deux faces, et de la grosseur d'un gros noyau de cerise. Il fut suivi de la sortie de beaucoup d'urines. Quelques jours après, il se trouva dans son état normal, et quitta les eaux avec l'espoir d'être guéri de la gravelle.

Douzième observation.

M. R. S. de Neufchâtel, en Suisse, âgé de trente-quatre ans, d'une forte constitution, d'un tempérament sanguin, vint pour la seconde fois aux eaux de Contrexéville, le 13 juillet 1827, pour une affection graveleuse qui le tourmentait depuis plusieurs années. Il était loin de soupçonner en arrivant aux eaux qu'il avait plusieurs graviers dans les reins.

Le 13 juillet, il but trois verres d'eau; le 18 il en but dix. Ce jour, en buvant le dernier, il ressent tout à coup une vive douleur au rein droit; elle reste fixe environ une heure, descend le long de l'uretère et s'arrête à son union à la vessie: elle persiste, mais faiblement, jusque vers les dix heures du soir; à cette heure une nouvelle douleur se manifeste au même rein; elle suit la même marche et s'arrête au même lieu que la première. Le matin un bain, dans la journée quelques tasses d'eau gommée.

Le 19, dix verres, un bain; toujours douleur sourde à l'origine de l'uretère; dans le bain elle s'exaspère, il est obligé d'en sortir; après une heure, elle devient supportable, perte de l'appétit: pour boisson eau gommée. A onze heures du soir, il est éveillé par une douleur au même rein, elle est des plus violentes; soif, envies fréquentes d'uriner, ténesme et vomissement; il passe la nuit dans ces angoisses sans demander de secours.

Le 20, à six heures du matin, seize sangsues sur la région du rein droit, eau gommée, toujours envies de vomir; à huit heures un bain, une heure après s'y être plongé, la douleur cesse tout à coup. Il en sort à dix heures, à onze heures besoin d'uriner; les urines entraînent trois graviers assez gros, plusieurs petits et beaucoup de sable rouge. Un de ces graviers avait la forme d'une pétale de fleur d'oranger, avec un crochet assez saillant à une de ses extrémités. Calme parfait le reste de la journée.

Le 21, six verres, urines chariant beaucoup de sable et quelques petits graviers : on continue les bains.

Le 23, douze verres; le matin légère douleur au rein gauche, suivie de l'émission d'un petit gravier.

Le 29, douze verres, bain ; nouvelle douleur au rein gauche, le malade rend un gravier.

Le 30, douze verres, bain; il rend un gravier, suite de la douleur au rein gauche.

Le 3 août, douze verres; pendant son exercice du matin ; douleur des plus vives au rein gauche, bains, elle descend le long de l'uretère, et est suivie de la sortie d'un gravier inégal assez gros. Le 7 il quitte les eaux ; ses urines ne chariant plus ni sable ni gravier depuis la colique du 3.

Cette observation démontre, qu'il peut exister des graviers dans les deux reins, sans que leur présence soit soupçonnée. Quelque temps après avoir quitté Contrexéville, il rendit encore deux graviers, sans beaucoup de douleur : pendant la saison de 1828, il n'a rendu aucun gravier, même fort peu de sable, ce qui fait croire à une guérison complète.

Quatorzième observation.

M. Poi...., ancien commissaire des guerres, habitant Paris, bien constitué, est sujet à la goutte et à la gravelle. Pendant l'hiver de 1826 à 1827, il eut un accès de goutte qui le força à garder le lit pendant deux mois; il eut de fortes sueurs et rendit des urines très-chargées d'acide urique. A la suite de cet accès de goutte, il essuya une colique néphrétique, le 12 juin 1827, qui, après vingt-quatre heures de souffrance ordinaire au genre de la maladie, cessa par la chute d'un calcul dans la vessie. Ne l'ayant pas encore rendu un mois après, il vint à Contrexéville, où il arriva le 19 juillet.

Il commença les eaux par trois verres; le 20 et le 21 il en but huit; ce jour, pesanteur à l'aine gauche, et légère douleur dans le canal de l'urètre du même côté: un bain entier le matin, bain de siège le soir.

Le 27, douze verres, même état que les jours précédens. Après ces eaux un bain dans lequel il rend, sans beaucoup de douleur et facilement, un gravier de la forme d'un gros haricot, convexe sur trois faces, et concave sur une; dès ce moment la pesanteur de l'aîne a cessé; mais la douleur du canal a persisté jusqu'au 30; il continue de boire les eaux et de prendre des bains jusqu'au huit août. Le lendemain il quitte Contrexéville dans l'état le plus satisfaisant.

CALCULS URINAIRES AYANT POUR NOYAUX DES CORPS ÉTRANGERS.

Quinzième observation.

M. le maréchal-de-camp baron de Mont...., bien constitué, reçut, en 1809, à la bataille de Wagram (il était alors aide-de-camp du major-général prince Berthier), une balle qui lui traversa le bassin, entrant au-dessus de l'articulation de la cuisse droite, et ayant sa sortie à la racine de la verge du côté opposé, de manière qu'elle a traversé la vessie dans une partie de sa largeur, et lésé les nerfs cruraux. Cette blessure fut très-long-temps à se guérir à cause des divers accidens qui se succédèrent. A la suite de cette blessure il éprouvait fréquemment, surtout après l'exercice du cheval, des douleurs nerveuses et des convulsions tétaniques dans la cuisse et la jambe droites. Ces accidens étaient accompagnés ou suivis d'une irritation inflammatoire de la vessie et de pissement de sang, sur lesquels les changemens brusques de l'atmosphère avaient encore une grande influence.

Le général fut envoyé aux eaux de Contrexéville, où il arriva le 31 juillet 1821.

Il commença à boire les eaux le 1er août, par trois verres, il prit un bain.

Le cinquième jour de sa saison sept verres, un bain sulfureux, douche descendante sur la région des reins. Alors il rendit avec ses urines des matières muqueuses, qui quelquefois étaient en paquet, d'autres fois sous forme de pellicules plus ou moins larges, accompagnées de sable rouge, semblable à de gros son. Souvent ce sable était attaché aux glaires et occasionnait en passant par le canal de l'urètre des douleurs assez vives; quelquefois les glaires étaient teintes de sang, d'autres fois le sang était assez abondant pour teindre même les urines. Le ventre s'ouvrit; il avait chaque matin plusieurs selles muqueuses.

Le 15. Quinze verres; urines chargées de moins de mucus et de sable concret; mais par le refroidissement, les urines déposaient au fond du vase de nuit et sur les parois une couche épaisse, dure et adhérente de sable roux.

Le 18. Douleur vive à la vessie, ce qui était le prélude d'un mouvement tétanique de la cuisse, qui eut lieu le matin du 19, et dura cinq à six minutes. Dès ce moment les douleurs de la vessie furent plus vives, les envies d'uriner devinrent très-fréquentes; chaque fois que le malade urinait, ce qui arrivait six à sept fois par heure, il sentait quelque chose qui se présentait au col de la vessie, et qui par fois interrompait le jet de l'urine et déterminait des douleurs très-aiguës à l'extrémité du gland; les glaires devinrent très-abondantes; il rendait beaucoup de sable en pellicules assez larges, perforées de plusieurs petits trous et assez dures pour blesser le canal de l'urètre en passant. On ajouta au traitement quelques tasses de boissons mucilagineuses et une douche ascendante.

Le 20. Le besoin d'uriner fut presque continuel, surtout la nuit; cet état dura jusque dans la nuit du 21 au 22, qu'il rendit un morceau de drap rouge, roulé sur lui-même et enduit d'une couche assez épaisse d'acide urique. Ce morceau de drap déroulé avait la forme et la grandeur de l'ongle du doigt médius d'un adulte. Ce drap séjournait dans sa vessie depuis la blessure reçue en 1809. Quelques heures après sa sortie, les douleurs diminuèrent, et dans la soirée se calmèrent tout à fait. Cette nuit il dormit pour la première fois depuis l'accès tétanique.

Les jours suivans et jusqu'à son départ, le 27 août, quoiqu'il ait continué à rendre chaque jour plus ou moins de sable très-fin, il ne rendit plus de glaires et ne ressentit aucune douleur.

Depuis le mouvement tétanique de la cuisse et de la jambe droite, arrivé le 19 août 1821, jusqu'à son retour à Contrexéville, le 3 juillet 1822, il n'a éprouvé que deux accès tétaniques, tandis qu'avant l'usage des eaux, ils se renouvelaient plusieurs fois par mois.

En 1822, les eaux lui ont fait rendre, pendant les douze premiers jours de leur usage, beaucoup de glaires et de sang, toujours accompagnés de douleurs plus ou moins vives, tant au col de la vessie qu'à l'extrémité du gland. Vers le seizième jour, les urines sont devenues claires; les glaires, le sable et les douleurs ont disparu. Il a quitté les eaux le 3 août bien portant; et depuis, il a continué à jouir d'une bonne santé ; il n'éprouve aucun ressentiment de gravelle.

GRAVELLE COMPLIQUÉE DE CATARRE DE VESSIE.

Seizième observation.

M. T., ancien négociant à Paris, âgé de 58 ans, d'une constitution lymphatico-nerveuse, avait éprouvé, à l'âge de 42 ans, étant à Lyon, une colique néphrétique qui dura trois jours, et dans cet intervalle, il sentit un gravier descendre du rein gauche dans la vessie. Pendant son passage dans l'urètre qui fut assez long, il rendit beaucoup de sang avec les urines, et deux jours après la cessation des douleurs, le calcul sortit; il était irrégulier et assez gros. Depuis il eut d'autres coliques moins fortes, toujours suivies du départ de graviers ou de gros sables : ces derniers devinrent, en 1809, très-abondans, et il s'aperçut que ses urines se troublaient et déposaient une matière glaireuse abondante, ce qui l'engagea à quitter le commerce. Malgré la vie sédentaire qu'il menait, sa maladie fit des progrès, il rendait beaucoup plus de sable et de mucus avec les urines que lorsque sa vie était plus active. Pendant l'hiver de 1811, il consulta le docteur Thouvenel, qui lui prescrivit un régime doux, et dans la saison, les eaux de Contrexéville, bues à la source, où il arriva le 24 juin 1812.

A son arrivée, il se plaignait de douleurs au col de la vessie, le long des vaisseaux spermatiques; il avait chaque nuit des érections douloureuses et ses urines étaient bourbeuses, avaient une ardeur fétide, et entraînaient chaque nuit beaucoup de sable rouge, qui, en passant par l'urètre, déterminait un prurit fatigant.

Il commença à prendre les eaux à la dose de trois verres, et en porta le nombre à quinze chaque matin. Au dix-septième jour de son exercice, le sable disparut, et douze jours après, l'urine reprit sa couleur et son odeur naturelles. On remarquait cependant encore quelques filamens muqueux dans ses urines pendant la nuit quand il quitta les eaux, le 27 juillet.

L'hiver suivant, il s'aperçut qu'il recommençait à rendre du sable, que ses urines prenaient de l'ardeur, qu'elles tenaient en suspension plus de filamens muqueux, et que quand le sable était plus abondant, les urines se troublaient, surtout à la suite d'un écart de régime.

Il fit venir des eaux de Contrexéville, qu'il but chez lui dans le mois de mars, ce qui ramena le calme, en faisant disparaître le sable, les mucosités et les douleurs qu'il commençait à éprouver dans les voies urinaires. Il vint dans le mois de juillet boire les eaux de Contrexéville, d'où il repartit totalement guéri.

En 1816, il jouissait encore d'une parfaite santé.

Dix-septième observation.

Madame de....., d'une belle stature, jouissait d'une bonne santé, et d'une grande fraîcheur, quand l'été dernier elle fut attaquée de douleurs dans le bas-ventre, et de perte d'appétit qui la fit tomber dans une maigreur très-marquée. Au mois de novembre 1819, elle avait eu des douleurs dans tout le bas-ventre, mais plus vives dans le trajet des voies urinaires et surtout vers les reins et la vessie; les urines déposaient un sable rouge et laissaient apercevoir des pellicules ou petites peaux en suspension. Il y avait dégoût pour tous les alimens. Les évacuations alvines étaient très-rares au milieu de beaucoup de mucosités.

Un régime doux, des bains, des boissons douces, des lavemens, enfin les eaux de Contrexéville, arrêtent l'amaigrissement; les douleurs et les autres accidens; il y eut un mieux sensible. Le 14 février 1820, toutes les douleurs s'exaspérèrent, et sur la fin du mois, elle éprouva une inflammation de bas-ventre, qui fut combattue par les bains, les sangsues, etc., etc.

Depuis cette époque, les douleurs du ventre n'ont plus été aussi vives, mais l'appétit ne s'est jamais rétabli; il y a eu de la constipation et des déjections muqueuses; des urines tenant une espèce de mucilage en suspension et déposant un sédiment de graviers rouges, surtout lorsqu'elle prit de l'eau de Contrexéville; des douleurs assez fortes existant vers les reins, et je crois aussi vers la région de la vessie, ce qui a déterminé son médecin à l'envoyer aux eaux de Contrexéville, où elle est arrivée en juillet 1820.

Le 3 juillet, elle boit quatre demi-verres d'eau et prend un bain de 26 degrés; après avoir bu, ses urines charient du sable et des mucosités. Elle éprouve des douleurs à la région des reins seulement; la moindre promenade la fatigue.

Le 9, sept verres, les urines continuent à charier; la douleur de côté est bien diminuée; prurit au canal de l'urètre après avoir uriné; l'appétit est meilleur ainsi que le sommeil.

Le 13, neuf verres; la malade ne peut dépasser ce nombre, le ventre s'ouvre, plusieurs selles muqueuses liquides procurent une détente; mieux être général. Quoique le départ muqueux des urines et le sable soient plus abondans et que la cuisson après avoir uriné subsiste toujours, l'appétit et le sommeil sont bien meilleurs; ses forces reviennent sensiblement.

Depuis ce jour jusqu'à la fin de cette saison qui finit le 22, elle se trouve à peu près dans le même état, quant aux voies urinaires; mais elle recouvre son appétit, le sommeil et des forces; elle peut se livrer à une promenade d'une à deux heures sans fatigue.

Pendant la deuxième saison, elle obtient seulement une diminution notable dans la quantité de sable et des mucosités qu'elle rendait avec les urines qui perdent tout à fait leur odeur ammoniacale.

En résumé, ce que l'usage des eaux de Contrexéville procura à Mme..... de plus avantageux, fut le retour de son appétit, de son sommeil, de ses forces, d'un peu d'embonpoint et une diminution très-grande dans la quantité des mucosités et du sable que chariaient ses urines, ainsi que la disparition des douleurs qu'elle éprouvait en arrivant aux eaux. Ce bien-être n'était que le prélude d'un travail intérieur plus avantageux. Quelques mois après avoir quitté Contrexéville, l'affection des voies urinaires disparut, et elle recouvra une bonne santé dont elle jouit encore.

Dix-huitième observation.

M. M... avoué à Baume-les-Dames, dans la force de l'âge, d'une forte constitution, rendait depuis environ deux ans de petits calculs avec les urines, et continuellement du sable rouge assez abondant. Il avait eu depuis environ six mois une colique néphrétique des plus violentes, et par suite une inflammation de vessie qui avait déterminé un catarre chronique de cet organe. Aussi, lors de son arrivée, le 1er septembre 1822, il rendait avec ses urines, outre beaucoup de sable et quelques petits graviers, une matière muqueuse abondante de couleur cendrée, surtout avec les urines de digestion, se déposant et adhérant au vase de nuit, ayant une odeur d'ammoniaque bien sensible. Cette matière, en se desséchant, prenait une couleur d'un blanc sale, se séparait par feuillets, et, par le frottement, répandait une odeur insupportable. Il éprouvait une douleur sourde à la région des reins et du périnée, qui lui rendait la marche pénible.

Le 2, il commença à boire les eaux par trois verres; le 8, il en but douze, la douleur des reins est augmentée, il rend beaucoup de sable et de mucosités avec ses urines; elles ont toujours une odeur ammoniacale; plusieurs selles liquides muqueuses pendant qu'il boit.

Le 9, douze verres, dans l'après-midi coliques néphrétiques assez violentes avec envie de vomir; sur le soir elle se calment, dans la nuit il rend beaucoup de graviers jaunâtres et de gros sable de forme irrégulière, avec des mucosités, de couleur rosée, très-abondant; jusqu'au quatorze il rend beaucoup de petits graviers, du sable, des mucosités moins tenaces, qui, par l'agitation, se mêlent facilement aux urines: elles sont blanchâtres et presque sans odeur.

Les jours suivans il ne rend plus qu'un sable très-fin, avec quelques parcelles de mucosités, en suspension dans l'urine; celle-ci a repris sa couleur naturelle ainsi que son odeur, ayant perdu celle d'ammoniaque. Il quitte les eaux le 27, dans un état des plus satisfaisans.

Il avait annoncé qu'il reviendrait aux eaux en 1824, plutôt par reconnaissance que par besoin: son état de santé se soutenant, il n'a pas effectué ce projet.

Dix-neuvième observation.

M. M... D... employé supérieur à l'administration des droits indirects à Paris, âgé de trente-quatre ans, d'un tempérament bilioso-sanguin, a habité long-temps l'Italie, où il s'est toujours bien porté; de retour en France, il se livrait depuis plusieurs années à un travail opiniâtre de bureau, qu'il prolongeait par fois très-avant dans la nuit, et prenait peu d'exercice; depuis trois ans il rendait, avec ses urines, quelques filamens muqueux et du sable roux, émission qui fut précédée d'une tension fatigante au périnée, surtout lorsqu'il était assis; si, pendant son sommeil, il n'est pas éveillé par le besoin d'uriner, le matin il ne peut le faire qu'après s'être exposé à un courant d'air, ou avoir marché à pieds nuds dans son appartement. Depuis cet hiver, dans l'action du coït, au moment de l'éjaculation, il ressent une douleur assez vive à la racine de la verge; du reste il se porte bien: il est arrivé aux eaux le 17 mai 1825.

Le 28, il but trois verres; il fut obligé de les suspendre les 30 et 31; ils lui occasionnaient une irritation dans les intestins qui a cédé aux boissons douces, aux lavemens émoliens et aux bains de siége; il recommença le 1er juin par quatre verres.

Le 4 juin, neuf verres; dans la nuit il éprouve de la douleur à la région des reins, émission d'une plus grande quantité de mucosités et de sable, plusieurs selles liquides muqueuses.

Le 9, il ne s'éveille pas pendant la nuit; à son grand étonnement en se levant il urine de suite, et sans douleur, ce qu'il n'avait pas fait depuis trois ans, mieux être sensible: douche ascendante dirigée sur le périnée: il avait bu douze verres.

Le 17, le mieux être fait des progrès; continuation des douches ascendantes dirigées sur le périnée, plus de sable dans les urines, la tension qu'il éprouvait au périnée disparaît.

Le 24, douze verres; encore quelques filamens muqueux dans ses urines; il urine facilement et sans attente. Continuation des douches sur le périnée; il finit sa saison par cinq verres, le cinq juillet, très-satisfait de son séjour à Contrexéville.

Il revint en 1824 aux eaux; depuis son départ de l'année précédente il n'avait aperçu que très-rarement quelques parcelles muqueuses en suspension dans ses urines, jamais de sable. La difficulté qu'il éprouvait d'uriner après son sommeil n'avait pas reparu: seulement il était obligé de faire un léger effort pour en faciliter l'émission; la tension qu'il éprouvait au périnée s'était représentée, mais assez légèrement, ainsi que la douleur à la racine de la verge pendant le coït.

Les eaux passent facilement, leur effet est secondé par des bains de siége, et des douches ascendantes dirigées sur le périnée.

Le 12 juillet, douze verres, il paraît ce jour-là quelques filamens muqueux dans les urines, point de sable; la tension au périnée est à peine sensible : bains de siége, douches.

Le 16, plus de mucus, la tension au périnée a cessé; il quitte Contrexéville le 22, dans un état qui fait croire à une guérison complète, ce qui s'est vérifié, car il n'a pas eu de récidive de cette maladie (1828).

Vingtième observation.

M. Bod.. aîné, banquier à Paris et à Lyon, fortement constitué, d'un tempérament sanguin, rend depuis plusieurs années des calculs urinaires de différentes grosseurs, toujours précédés de violentes douleurs d'uriner, d'ardeur, de difficultés d'uriner; il éprouve tous les autres symptômes ordinaires aux calculeux; l'analyse de ces calculs rendus à des époques éloignées, a démontré qu'ils étaient composés d'acide urique pur. Pour combattre cette disposition on lui conseilla l'usage des eaux alcalines gazeuses, celles de Contrexéville naturelles alternativement, etc., etc., les bains, les sangsues, les tisannes de chiendent, de doradelle d'Espagne, de baies d'alkékenge, d'uvaursi, etc., etc., des pilules avec le savon, l'acétate de potasse, la rhubarbe, etc., etc. Tous ces moyens n'amenèrent que peu de soulagement à l'état de M. B...., ce qui le détermina à se rendre à Contrexéville, où il est arrivé le 10 août 1824. Outre ce que nous venons de rapporter, il nous a raconté qu'un des derniers graviers qu'il avait rendus était de la grosseur d'un noyau d'olive, que son départ lui avait occasionné de fortes et longues douleurs, et que par suite il était résulté un abcès qui lui avait fait rendre beaucoup de pus avec les urines; il se plaignait encore de douleur sourde à la région des reins et entre les épaules; le jour de son arrivée, il rendit assez de sable rouge et des glaires de couleur brune.

Le 11 août, il commence par deux verres; le 17, douze; les urines coulent facilement, douleur en urinant beaucoup diminuée, le ventre s'ouvre, selles liquides muqueuses : un bain, douche sur les reins, ce qui est continué les jours suivans. La douche détermine un travail sur le rein gauche; dans la nuit douleur plus sensible de cette partie : il rend beaucoup de sable rouge, quelques paquets de glaires d'un blanc sale.

Le 24, quinze verres; les glaires et le sable beaucoup diminués, même douleur au rein gauche que le dix-sept.

Le cinq septembre en se couchant, augmentation de la douleur au rein gauche et entre les épaules, malaise général, rêvasserie.

Le 6, huit verres; même état que la nuit, promenade en char, on rentre fatigué, le soir en se mettant au lit douleur vive à la hauteur de la crête de l'os des iles, un peu en arrière, qui dure deux heures; on la sent descendre et disparaître tout-à-coup; au même moment vive douleur le long du canal de l'urètre, surtout au gland; besoin d'uriner: sur la fin se présente un corps étranger qui arrête le jet de l'urine, il ne peut être expulsé; une heure après, nouveau besoin d'uriner; le malade rend un calcul de forme oblongue, semblable à un petit coquillage appelé *pucelage*. Sa sortie fut suivie de celle d'un paquet de glaires assez gros, teint de sang; les urines avaient une couleur blanchâtre.

Le 7, dix verres; la douleur du rein et d'entre les épaules a cessé; dans l'après midi il éprouve un malaise à la region hypogastrique gauche, et une heure après il rend, en une seule fois, cinq graviers, dont un de la grosseur d'un grain de café; ce départ est encore accompagné de glaires sanguinolentes, les urines sont légèrement troubles et de couleur intense.

Le 8, dix verres; les urines reprennent leur couleur naturelle, le buveur est dans un état satisfaisant; il éprouve un bien-être qu'il n'a pas ressenti depuis long-temps.

Le 10, six verres, mieux-être encore plus sensible. M. B.. quitte les eaux.

M. B.... m'écrivit, le 20 janvier 1825, qu'il avait beaucoup voyagé depuis sa sortie de Contrexéville, ce qui ne lui avait pas permis de suivre un régime très-sévère, que cependant il n'avait point éprouvé de crises sérieuses: seulement à deux ou trois fois différentes il avait rendu du sable en assez grande abondance, sans douleur; qu'il espérait revenir aux eaux et y trouver sa guérison complette. Il y revint effectivement les années 1825 et 1826, continuant à jouir d'une bonne santé, et n'ayant rien éprouvé qui puisse lui faire craindre de nouveaux accidens de néphrite calculeuse.

Si les graveleux qui ont obtenu du soulagement par les eaux de Contrexéville, ne s'astreignent point, après les avoir quittées, au régime sévère, tant alimentaire qu'hygiénique, qui convient à ce genre de maladie, nul doute que les bons effets des eaux ne seront que de courte durée.

GRAVELLE COMPLIQUÉE DE DÉBILITÉ DES VOIES URINAIRES ET UTÉRINES.

Vingt-unième observation.

Mme. La F. âgé de 27 ans, d'une constitution nerveuse et

lymphatique, ayant peu d'embonpoint, éprouvait depuis plusieurs années des douleurs dans le ventre, qui ont paru devoir être rapportées quelquefois à un abaissement de la matrice, d'autres fois à une affection des voies urinaires; ces dernières n'étaient pas continues, il y avait des intervalles assez longs sans douleurs; quand elles revenaient elles commençaient par la région du rein, particulièrement du côté gauche, s'étendant dans la direction des uretères jusque dans la vessie; lorsqu'il n'y avait pas de douleurs, les urines étaient limpides, claires et citrines; à la fin des douleurs, elles présentaient très-souvent une suspension trouble, et déposaient une grande quantité de sable rouge; en 1818, il y eut expulsion d'un gravier assez volumineux.

Les règles, quoique fort régulières quant à leur retour, sont annoncées par un malaise général et des douleurs de lombes; ordinairement elles sont abondantes, le sang de bonne qualité, mais souvent précédées d'écoulement blanc.

Mme La F. s'enrhume facilement, et ses rhumes sont assez longs; à son arrivée à Contrexéville, le 6 juin 1819, outre ce qui vient d'être rapporté, elle se plaignait de douleurs sourdes à l'estomac, de perte d'appétit, il y avait même dégoût pour les alimens gras, digestion pénible; les urines étaient troubles et contenaient une matière muqueuse en suspension, elles déposaient beaucoup de sable rouge; les déjections alvines étaient rares, très-dures, ce qui nécessitait le recours aux lavemens: sommeil agité peu réparateur, agacement de nerfs, qui forçait plusieurs fois par jour à recourir aux antispasmodiques; la moindre promenade à pied fatiguait et exagérait les douleurs.

Mme La.. boit le premier jour trois verres d'eau minérale, et pendant sa saison, en se couchant, un verre d'eau de fleurs d'oranger avec six gouttes d'éther.

Le 4, sept verres, un bain à vingt-huit degrés.

Le 6, neuf verres; la douleur du rein gauche est augmentée, les urines sont troubles: beaucoup de sable rouge, trois selles liquides muqueuses.

Le dixième jour de la saison, douze verres; elle rend un petit gravier rugueux, roussâtre; les douleurs sont diminuées, les urines redeviennent claires; chaque exercice procure de trois à cinq selles muqueuses liquides; un bain aromatique continué les jours suivans.

Le quinzième jour, quinze verres; sommeil tranquille une partie de la nuit, agitation pendant le reste. En se levant, douleur du rein gauche plus aigüe, elle semble descendre suivant la direction de l'uretère; le soir du dix-septième jour, pendant une promenade à pied, elle cesse tout-à-coup: la malade rentre très-fatiguée, rend un gravier uni, de la grosseur d'un grain de café moka, ayant comme lui un léger sillon sur sa longueur: il était d'un blanc grisâtre, assez friable. Pendant quatre à cinq jours, après l'expulsion de ce calcul, les urines restent troubles et tiennent en suspension une matière muqueuse en pellicules comme de gros son, qui en se desséchant formait une masse blanchâtre que l'on pouvait séparer par feuillets, et par le frottement, répandait une odeur désagréable d'ammoniaque. Dès le lendemain du départ du calcul, le calme revint, les douleurs disparurent, l'appétit fut bon, les digestions faciles, le sommeil et les forces revinrent; elles permettaient une promenade à pied de plusieurs heures; le 29 juin, on termina une première saison.

On commença une seconde saison le trois juillet. Pendant toute la saison on prend chaque jour un bain aromatique, excepté quand les règles coulent; elles paraissent le troisième jour de la saison, elles coulent quatre jours et ne sont annoncées par aucune douleur; seulement un écoulement blanc peu copieux les précède de deux jours ; les règles n'empêchent pas de boire.

Cette seconde saison finit le vingt-trois juillet; elle a augmenté sous tous les rapports le bien-être que la première avait procuré. La gêne que Mme La... ressentait quelquefois à la vulve n'a pas reparu depuis l'apparition des règles; dans le cours de la saison on a remarqué un peu de sable très-fin, et quelquefois une matière muqueuse semblable à celle qu'elle rendit après l'expulsion du dernier calcul, en suspension dans les urines, se divisant aussi par lames, mais sans odeur marquée; sur la fin elles étaient claires, citrines et sans dépôt.

Mme La... commença une troisième saison, le vingt-sept juillet. Continuation des bains aromatiques.

Le 3 août, huitième jour de la saison, les règles paraissent sans être annoncées par aucune sensation désagréable, ni écoulement en blanc.

Le quatorzième jour de la saison, Mme La... rend un petit calcul anguleux grisâtre, très-dur, qui avait été précédé de beaucoup de sable rouge, et de légères douleurs le long de l'uretère gauche; les deux jours suivans elle rend encore un peu de sable qui disparaît ainsi que les douleurs.

Le 16 août, Mme La... quitte les eaux, jouissant d'une bonne santé et ayant repris de l'embonpoint. En 1821, elle revint prendre les eaux, quoiqu'à cette époque elle n'eut eu aucun ressentiment de la maladie qui l'avait amenée en 1819.

GRAVELLE, CATARRE VÉSICAL ET GOUTTE.

Vingt-deuxième observation.

M. le comte d'H., officier des gardes du corps, âgé de 34 ans, d'un tempérament nerveux sanguin, né d'un père goutteux, avait craché le sang, étant plus jeune, à différentes fois. Ce sang était vermeil et en assez grande abondance; cette hémoptysie était toujours précédée de difficulté de respirer, de douleur et de chaleur à la poitrine, ce qui avait fait appréhender une phthysie. Cette hémoptysie céda à un régime approprié, et quelque temps après il ressentit la première attaque de goutte : elle se fixa sur les articulations des pieds et des genoux; chaque accès était assez long. Dans les premiers mois de 1820, il éprouvait par fois, après avoir uriné, une légère douleur le long du canal de l'urètre, quelquefois un peu de peine à le faire, d'autres fois il rendait des urines troubles, assez souvent du sable. Ces symptômes n'étant que faibles, il y fit peu d'attention; mais ils firent des progrès pendant l'hiver de 1820 à 1821, et sur la fin il éprouvait une pesanteur au périnée, douleur au rein, démangeaison le long du canal de l'urètre, douleur au bout du gland après avoir uriné, urines troubles, puantes; en urinant souvent le jet était interrompu, et ne recommençait qu'après avoir fait un mouvement; quelquefois après avoir fatigué, monté à cheval, l'urine devenait sanguinolente. Il consulta un des plus célèbres chirurgiens de la capitale, qui lui conseilla de se faire sonder, attendu qu'il éprouvait tous les signes rationels d'un calculeux, que s'il l'était, la sonde en donnerait de positifs. Un de ses amis qui s'était trouvé à peu près dans le même cas (3me *obser.*), lui conseilla, avant de se faire sonder, d'aller boire les eaux de Contrexéville à la source, il se rendit à son avis, il arriva aux eaux le 23 juin 1821. Le voyage le fatigua beaucoup, il souffrait en urinant, rendait avec ses urines du sable et des glaires, les urines étaient troubles et avaient une odeur très-désagréable.

Il commença sa saison le 25 juin, le soir en se couchant il prit un verre d'eau gommée, ce qui fut continué les jours suivans.

Le 1er juillet, huit verres, il rend des glaires filiformes enduites de sable rouge qui y adhérait fortement, et beaucoup de ce dernier avec les urines, qui restent toujours troubles et puantes. Le passage des urines par le canal de l'urètre y détermine un prurit fatigant qui nécessite des bains locaux, et dans l'après-midi des boissons gommeuses pour le diminuer.

Le 4 juillet douze verres, le jet de l'urine est souvent interrompu par quelque chose qui veut s'engager dans le canal de l'urètre. Dans la soirée, il rend un gravier assez gros.

Le 10, quinze verres, même état que les jours précédens, après-midi, il va se promener en char, les cahos le fatiguant beaucoup, l'obligent à uriner souvent; après avoir monté un côteau assez élevé et fort rapide, il ressentit un pressant besoin d'uriner; le jet est interrompu momentanément par un corps dur qui s'engage dans le canal de l'urètre, lui occasionne en le franchissant une douleur telle qu'il se trouve mal, ce qui l'empêche de le recueillir; l'urine qui suivit cette expulsion était sanguinolente. Elle resta de même une partie de la journée du lendemain, ainsi que la douleur en urinant, qui ne céda qu'aux bains et aux boissons douces.

Le 13, quinze verres; les urines deviennent claires, elles perdent leur ardeur, déposent peu de sable. Le buveur se trouve bien les jours suivans, le bien-être fait des progrès, il quitte les eaux le 23 juillet délivré de tous les symptômes de l'affection calculeuse qu'il y avait apportée.

Il y revint en 1822, n'ayant ressenti depuis son départ en 1821, que quelques légères douleurs à la vessie occasionnées par des écarts de régime, que des boissons douces et un régime plus approprié faisaient disparaître.

Cet état de santé parfait se soutint jusqu'en 1824. En mars, après un voyage pendant un temps froid et humide, il fut pris d'un accès de goutte au pied gauche qui lui dura long-temps. Arrivé aux eaux, il avait un gonflement assez saillant au pourtour de l'articulation du gros orteil gauche, ressentait encore par moment des douleurs en urinant; ses urines répandaient une odeur désagréable, surtout celle de nuit: elles teignaient en rouge les couleurs bleues végétales.

L'usage des eaux fit disparaître les glaires et l'odeur de l'urine, et entraîna beaucoup de sable rouge très-dur, qui disparut au dix-septième jour. En quittant les eaux, il ne sentait plus de douleur ni dans la vessie ni dans la verge; comme aussi celle de l'orteil avait cédé vers le quinzième jour de la saison, après avoir fait usage de bains et de douches soufrées: il n'existait plus de gonflement et la marche était facile. Il partit le 20 juin après avoir séjourné un mois à Contrexéville.

GRAVELLE ET GOUTTE.

Vingt-troisième observation.

M. Truchy, ancien négociant, âgé de soixante ans, d'une haute stature, d'un tempérament bilioso-sanguin, menait une vie très-active, passait une partie des jours et des nuits, soit à cheval, soit sur des bateaux, exposé aux intempéries de l'air, avait toujours joui d'une bonne santé jusqu'à l'âge de quarante-cinq ans, où il ressentit pour la première fois des douleurs de néphrite, qui furent suivies de l'émission de graviers assez gros. Les coliques revenaient assez souvent, et chaque fois se terminaient par l'expulsion de nouveaux graviers; à cette affection se joignit la goutte (il avait alors cinquante-cinq ans), qui d'abord fut vague et de peu de durée. L'année suivante il eut un accès fort long, qui se fixa sur les articulations des deux pieds : bientôt des tophus s'y manifestèrent, de manière que le malade ne marchait qu'avec le secours d'un bras et d'un bâton; depuis près de deux ans il n'était jamais sans douleurs causées par l'une de ces affections, même souvent par les deux à la fois; c'est ainsi qu'il arriva à Contrexéville, en 1814. Il se plaignait en outre de défaut d'appétit, de digestions pénibles, d'embarras dans les intestins, et d'une constipation fatigante.

Le sixième jour de la saison, il but douze verres. Les urines qui étaient très-rouges, déposant un sédiment briqueté, devinrent plus claires et le dépôt moins abondant; le ventre s'ouvrit, il eut plusieurs selles liquides; la peau qui était sèche s'humecta, une transpiration assez forte se manifesta principalement sur les membres abdominaux; elle avait une odeur aigre bien marquée, l'appétit était meilleur, les digestions plus faciles.

Le huitième, selles abondantes liquides, de matière muqueuse très-âcre, occasionnant un prurit à l'anus, qui ne cédait qu'au lavage. Elles n'avaient lieu que pendant l'exercice du matin.

Le dixième, apparition d'hémorrhoïdes douloureuses; elles cédèrent à l'application de dix sangsues.

Le quinzième jour de son arrivée aux eaux, il put marcher seul et même monter des escaliers; depuis cet instant son état s'est de plus en plus amélioré, et lorsqu'il est revenu aux eaux, en 1815, il était dans un état très-satisfaisant, pouvant se promener pendant plusieurs heures sans fatigue; il n'avait eu qu'un léger accès de goutte, qui ne l'avait nullement empêché de vaquer à ses occupations. En 1816, 1817, 1818, 1819 et 1820, il revint aux eaux, continuant d'aller de mieux en mieux.

A sa saison de 1820 à 1821, il prit peu d'exercice, s'occupa beaucoup à Paris, ne ressentit cependant aucune des douleurs qui l'avaient amené aux eaux en 1814. Cette année il arriva à Contrexéville le 11 juillet; il commença sa saison par six verres.

Le 14, il but douze verres; en déjeunant, à onze heures, une douleur des plus aiguës se manifeste tout-à-coup au rein gauche; il sent descendre des graviers, cinq petits sont rendus à trois heures; à quatre heures la douleur du rein augmente, elle est suivie de vomissemens bilieux, d'envies piquantes d'uriner, de douleurs à l'extrémité du gland; apposition de sangsues, bains entiers et de siége, lavemens, boissons adoucissantes, potion calmante, rien ne calme les douleurs; une potion composée de sirop de limon et d'huile d'amandes douces, à parties égales, prise par cuillerée à bouche, chaque deux heures, ne produisit aucun soulagement (cette potion huileuse est celle qui a le plus souvent réussi à calmer ou au moins à rendre supportables les douleurs atroces déterminées par le passage des graviers des reins dans la vessie). Enfin, après dix-sept heures de souffrances, un gravier tombe dans la vessie; dans la matinée du seize il est rendu: il était de la grosseur d'un noyau de mirabelle, friable, lisse, formé d'acide urique.

Le mal-être continue, l'appétit ne revient pas ni le sommeil;

gêne à la région du rein gauche sans beaucoup de douleur, il continue à boire douze verres.

Le 18, à deux heures du matin, nouvelles douleurs, un seul vomissement; mêmes moyens que le 14, à l'exception des sangsues. Les douleurs sont plus supportables; il sent les graviers descendre le long de l'uretère, et après douze heures, ils tombent dans la vessie. Dans la journée du 20, il rend trois graviers assez gros, de forme irrégulière, sur lesquelles on remarquait des facettes qui se correspondaient parfaitement, et étant rapprochés, ils avaient la forme et la grosseur d'un noyau d'olive: le sommeil et l'appétit revinrent.

Le 22, douze verres, huit selles liquides copieuses dans la matinée, elles fatiguent le malade à le forcer à se coucher; perte de l'appétit. Le malaise n'était que le prélude d'une troisième crise: à midi, douleurs les plus vives au rein et le long de l'uretère gauche. Les bains, la potion huileuse, etc., les rendent supportables, et après vingt-deux heures, un nouveau gravier tombe dans la vessie. Les jours suivans, douze verres d'eau. Le 26, vers les quatre heures du matin, il s'engage dans le canal de l'urètre, et s'arrête dans les portions de ce canal correspondant au milieu du scrotum; l'urine ne coule plus, douleurs des plus aiguës décidées par le besoin d'uriner. Le malade cherche en vain à le faire marcher par des tractions et des efforts pour uriner; on le met dans un bain, les douleurs deviennent des plus fortes; il est saisi de frissons, de mouvemens convulsifs, décidé à repousser le gravier dans la vessie, attendu qu'il était arrêté dans une portion du canal, qu'il était impossible d'inciser pour lui donner passage sans s'exposer à une infiltration d'urine dans les bourses, ce qui aurait déterminé de graves accidens. Avant d'introduire la sonde pour le repousser, j'examinai de nouveau l'endroit où il était arrêté; je reconnus que ce calcul avait une aspérité, qui, en pressant dessus, faisait saillie. Je pensai qu'elle devait être la cause de son arrêt dans le canal de l'urètre. Sachant que tous les graviers rendus jusqu'alors étaient friables, je lui fis faire autant que possible saillie au-dehors, et, pressant avec force cette aspérité, elle se rompit. Le patient fit un effort pour uriner, et jeta au loin le calcul qui pesait dix-huit grains. Il était resté quatre heures dans l'urètre. Dès-lors tout est rentré dans l'ordre, et depuis ce moment il jouit constamment d'une bonne santé, à l'exception de quelque ressentiment de douleurs de goutte, mais si légères qu'elles ne l'empêchaient pas de se promener. En 1824, 25, 26 et 27, il revint aux eaux, et n'eut aucun ressentiment de gravelle jusqu'à sa mort en 1828 à la suite du charbon.

Vingt-quatrième Observation.

M. de M...., conseiller à la cour de cassation, d'une faible complexion, âgé de 60 ans, avait éprouvé, au mois de mars 1812, un premier accès de goutte, qui lui dura vingt jours. Pour lors il habitait le midi de la France ; deux ans après, il en éprouva un second qui lui dura trois mois, et céda à un flux d'urines d'un rouge foncé qui par le refroidissement donnait beaucoup de sable. Les urines en passant par le canal de l'urètre lui occasionnaient un prurit incommode. Depuis ce moment, il chariait souvent du sable, et ressentait continuellement une pesanteur à la région du rein gauche. En 1815, il fut pris d'un troisième accès qui lui dura trois mois, sans être très-douloureux. Au mois de mai suivant, il eut une colique néphrétique au rein gauche, de quarante-huit heures ; deux jours après, il rendit un gravier avec beaucoup de sable. Pendant l'hiver de 1815 à 1816, et le printemps de cette année, il eut quatre autres coliques; toutes suivies de la sortie d'un calcul; il continuait à rendre beaucoup de sable avec les urines, ce qui l'engagea à venir à Contrexéville, où il arriva le 20 juillet 1816.

Il y fit une saison de vingt-un jours, pendant laquelle il rendit à trois fois différentes un gravier assez gros, très-dur, lisse, de couleur jaune-clair, et une grande quantité de sable. Le 16e jour de sa saison, il se trouvait dans un état très-satisfaisant. Il y revint en 1817 et 1818; pendant ces années, il jouit d'une bonne santé, et n'eut aucun ressentiment de ces fâcheuses maladies, jusqu'à sa mort arrivée en 1820, à la suite d'une fièvre de mauvais caractère.

Vingt-cinquième Observation.

M. Humbert, de Mont-sur-Sceaux, âgé de soixante-huit ans, d'une forte complexion, avait essuyé plusieurs accès de goutte articulaire, à la suite desquels il lui était resté des nodosités aux articulations des doigts des mains qui, sans gêner les mouvemens, les rendaient difformes; chaque accès de goutte était suivi de l'émission de sable rouge et de petits graviers avec ses urines; quelquefois, la sortie de ces graviers était précédée de coliques néphrétiques assez violentes. Après un accès de goutte assez fort, au printemps de 1822, il ressentait constamment une douleur aux reins qui le fatiguait beaucoup; on la crut déterminée par des graviers stagnans dans ses organes; c'est pourquoi on lui conseilla les eaux de Contrexéville, où il arriva le 20 juin 1822.

Il y fit une saison de vingt-un jours, pendant laquelle les eaux firent dissiper dès le dixième jour les douleurs des reins sans que les urines entraînassent avec elles ni sable ni graviers ni mucosité. Elles conservèrent leur état naturel pendant tout le temps qu'il but les eaux. Il s'en retourna chez lui bien portant, et depuis n'a eu ni accès de goutte, ni coliques néphrétiques; avec la précaution de venir tous les ans les boire à la source, il continuait à se bien porter en les quittant en 1828.

Vingt-sixième Observation.

M. le colonel B......, en retraite, résidant à Metz, âgé de cinquante-trois ans, d'une forte constitution, avait éprouvé avant l'âge de quarante ans, à deux fois différentes, une colique néphrétique suivie de l'émission de gravier. A cet âge, il essuya pour la première fois un accès de goutte articulaire fixé sur les pieds, qui lui dura plusieurs mois, et le força à garder le lit; les années suivantes, l'accès revint, et durait de trois, quatre à cinq mois, débutant par les pieds, gagnant les genoux, les hanches, passant aux mains, aux coudes, revenant aux pieds quand la rémission voulait avoir lieu; les douleurs, qui étaient des plus vives, lui ôtaient le sommeil. A la suite de ces accès, il lui était resté une roideur avec gonflement dans les autres articulations des pieds et des genoux, qui lui rendait la progression pénible, et même douloureuse quand il marchait sur un terrain inégal. A chaque accès de goutte, se joignait, pour compléter la somme de ses souffrances, une et quelquefois deux crises de néphrite calculeuse. Ces coliques très-douloureuses duraient de douze à trente-six heures; elles étaient toujours suivies de la sortie d'un ou de plusieurs graviers.

M. le colonel, qui raconte sa maladie, est venu pour la première fois en 1826, à Contrexéville, pour y boire les eaux, qui lui ont fait éprouver cette même année, une amélioration, un soulagement tellement sensible dans les deux cruelles maladies, qu'il en est autant étonné que satisfait; on le concevra sans doute lorsque l'on saura que depuis qu'il a fait usage de ces eaux il n'a pas eu d'attaque de goutte; car on ne peut donner cette qualification à des douleurs légères, qui se bornent à un des pieds, et qui ne durent que cinq à six jours, sans l'obliger à garder le lit. Elles lui ont aussi rendu la marche plus facile et sans douleur.

Les douleurs de reins ont totalement disparu. Il n'a plus d'accès de néphrite, il est même rare de remarquer du sable dans ses urines.

Tel est le changement opéré dans son état depuis qu'il a bu pour la première fois les eaux de Contrexéville, où depuis trois ans il vient à la source consolider sa guérison. Pour maintenir ce bien être, il s'astreint au régime de vie très-sévère qu'il s'est prescrit depuis sa première saison.

Vingt-septième observation.

M. le colonel M., de Strasbourg, vint pour la seconde fois aux eaux de Contrexéville, en 1827, pour une affection goutteuse compliquée de gravelle. Depuis sa sortie des eaux, en 1827, jusqu'à son arrivée en 1828, il s'était bien porté, à l'exception d'un léger accès de goutte en mars, qui ne l'empêcha pas de vaquer à ses occupations, et de se promener dans son appartement, tandis que les années précédentes la goutte le retenait plusieurs semaines au lit, avec des douleurs des plus aiguës, et chaque accès était toujours suivi d'une ou deux attaques de néphrite calculeuse; il n'avait eu aucun ressentiment de gravelle.

Il but trois verres d'eau le 9 juillet; le 19 il en but dix: immédiatement après son dernier verre, vers 9 heures du matin, il éprouva un malaise général, avec douleur sourde au rein droit, qui augmenta graduellement jusqu'à midi; alors efforts pour vomir, ce qui fit descendre la douleur le long de l'uretère: à trois heures elle cessa tout à coup. Depuis ce moment sensation douloureuse à la région du rein droit, ainsi qu'au col de la vessie. Les urines de digestion occasionnent des envies fréquentes d'uriner, moins rapprochées quand le malade est couché: les jours suivans il boit de six à neuf verres d'eau minérale, il croit sentir en rendant ses urines de boisson un corps qui veut s'engager dans le canal de l'urètre, ce qui eut effectivement lieu le 25 juillet. Il rend facilement pendant son exercice du matin un gravier ayant la forme d'un haricot, pesant sept grains. L'une de ces extrémités plus épaisse que l'autre, est lisse, l'autre plus petite cannelée et rugueuse, d'un jaune clair et très-dur. Cette sortie a été suivie de l'écoulement d'un peu de sang.

Le 26, il ressent quelques élancemens de goutte pendant son exercice du matin, à l'orteil du pied droit. Dans la soirée ils sont vifs; même sensation le 27.

Le 28, tout le pied droit est entrepris, il est obligé de garder le lit. Il boit huit verres.

Le 30, la douleur a cessé, il marche facilement et va boire à la fontaine. Le premier août, se trouvant dans son état normal, il quitte les eaux.

Nota. Il est à présumer que si le colonel M.... se fut astreint à un régime alimentaire aussi frugal que le colonel B...., il aurait évité l'accès de néphrite qu'il a essuyé à Contrexéville.

GRAVELLE ET DARTRES.

Vingt-huitième observation.

M. S....., de Metz, dans la force de l'âge, vint à Contrexéville, en 1820, pour une affection des voies urinaires.

Il éprouvait depuis assez long-temps des douleurs sourdes à la région des reins, et les attribuait à la présence de graviers et de sable dans ces organes. S'il fatiguait ou qu'il fît quelques écarts de régime, ses urines devenaient troubles avec un dépôt tenace au fond du vase de nuit; elles occasionnaient une cuisson fatigante le long du canal de l'urètre pendant leur émission. Il avait en outre plusieurs taches dartreuses sur le corps, couvertes d'écailles furfuracées. Les divers traitemens qu'il avait employés pour se débarrasser de ces affections furent sans succès; c'est pourquoi on lui conseilla les eaux de Contrexéville, où il arriva en juillet.

Il les commença par trois verres, et en porta le nombre de douze à quinze chaque matin. Les eaux furent secondées par des bains entiers gélatino-sulfureux.

Après dix jours de leur usage, les douleurs des reins disparurent, la pesanteur qu'il y éprouvait depuis long-temps cessa, la marche qui le fatiguait beaucoup avant de prendre les eaux, ne lui fit plus rien éprouver de désagréable, et il pouvait se livrer à de longues et fatigantes courses sans inconvéniens.

Les taches de la peau disparurent; ces taches, qui étaient couvertes de croûtes dartreuses, tombèrent en dessiccation et les surfaces qu'elles occupaient, d'arides devinrent douces et unies comme celles qui n'en avaient pas été attaquées. Après avoir bu pendant vingt-un jours et pris quinze bains, il partit de Contrexéville, entièrement guéri. Cette guérison s'est soutenue.

Pendant son séjour à Contrexéville, il ne rendit, ni gravier, ni sable; seulement après huit jours, ses urines devinrent troubles et puantes, déposant par fois un sédiment muqueux, assez tenace, seule crise que l'on remarqua chez lui. De là ne doit-on pas conclure que les douleurs de reins chez ce buveur ne devaient leur cause qu'à l'affection dartreuse dont sa peau était parsemée? car, lorsque la douleur des reins a commencé à céder, les pustules dartreuses ont paru plus vives et leur prurit plus insupportable, et celles-ci n'ont disparu que plusieurs jours après les douleurs.

CATARRE DES VOIES URINAIRES.

Vingt-neuvième observation.

M. le comte de Lp., ancien officier, âgé de 60 ans, d'un tempérament bilioso-sanguin, est arrivé aux eaux de Contrexéville en juin 1818, étant affecté d'un catarre vésical depuis plusieurs années. Lors de son arrivée il éprouvait des envies fréquentes d'uriner, surtout pendant la nuit; les urines étaient troubles, de couleur laiteuse, déposant au fond du vase de nuit une grande quantité de mucosités qui y adhéraient fortement; elles avaient une odeur ammoniacale bien sensible. Il ressentait, avant et après avoir uriné, une légère douleur à l'extrémité du gland; souvent le jet de l'urine était arrêté, et ne reprenait son cours qu'après des efforts plus ou moins vifs, pour expulser des flocons muqueux plus ou moins denses. Il avait peu d'appétit et la digestion était lente.

Il commence sa saison le 27 juin, et ne porte pas le nombre des verres qu'il boit au-dessus de dix; il la finit le 31 juillet. Dès le cinquième jour de leur usage, il avait de quatre à cinq évacuations alvines par jour.

Le 6 juillet, dix jours après l'usage des eaux, amélioration sensible dans son état; les urines, quoique toujours troubles, déposent moins de mucosités; elles perdent un peu de leur odeur ammoniacale. L'appétit et la digestion devinrent meilleurs. Le besoin d'uriner est moins fréquent.

Le 16 juillet les urines sont moins troubles, laissent peu de dépôt, perdent leur odeur ammoniacale et reprennent une couleur citrine. Les envies d'uriner s'éloignent, plus d'interruption dans le jet, les douleurs sont bien diminuées, l'appétit est très-bon et la digestion facile.

Pendant l'intervalle du 6 au 16 juillet, le malade croit ressentir un resserrement à la région de la vessie, et par suite plus de facilité à expulser les urines.

Au 28 juillet, urines claires, de couleur citrine; plus de dépôt, plus d'interruption dans le jet, plus de douleurs, et les urines ont repris leur odeur naturelle.

Pour maintenir cette guérison, j'ai conseillé à M. le comte de porter habituellement de la laine sur la peau, d'éviter l'humidité, les fatigues. Au mois de mai 1819 il m'écrivait que sa guérison se soutenait, que depuis son départ de Contrexéville il avait joui d'une bonne santé, et que s'il s'apercevait de la moindre disposition à la récidive de sa maladie, il reviendrait aux eaux. En août 1826 il continuait à se bien porter.

Trentième observation.

Le sieur N., cuisinier, âgé de 63 ans, habitant la campagne l'été et l'hiver Paris, a joui d'une bonne santé jusqu'à l'âge de 50 ans. Alors il s'aperçut que ses urines étaient souvent troubles, et que l'émission en était douloureuse quand il fatiguait ou qu'il faisait quelques écarts de régime. Il mit en usage, pour se guérir, divers moyens qui ne réussirent point; au contraire, sa maladie empira.

Depuis cinq ans les envies d'uriner devinrent plus fréquentes; il commença à souffrir chaque fois qu'il urinait, et ses urines déposaient une grande quantité de mucosités très-tenaces, qui avaient une odeur désagréable. Tous ces symptômes augmentaient l'hiver, lorsqu'il habitait la ville, qu'il allait en voiture, qu'il fatiguait ou faisait quelques écarts de régime ; alors il rendait du sang avec ses urines. Dès ce moment il perdit l'appétit ; les digestions devinrent pénibles ; il perdit beaucoup de son embonpoint. L'été, comme il habitait le midi de la France, il était moins souffrant.

Cet homme suivit son maître aux eaux de Contrexéville en 1818 ; une route de cent cinquante lieues le fatigua beaucoup. Il est de haute stature, maigre, a un teint blafard, la peau sèche, brûlante ; il avait de la fièvre avec un léger redoublement le soir ; la langue sèche, rouge ; il était sans appétit, altéré, digestion pénible, constipation, sans sommeil ; les envies d'uriner le forçaient à se lever tous les quarts d'heure pour ne rendre que quelques cuillerées d'urines troubles, brunâtres, déposant une matière muqueuse grasse, très-tenace, formant le tiers au moins de l'urine rendue, qui répandait une odeur ammoniacale par le refroidissement. Après avoir uriné il ressentait une cuisson le long de la verge qui durait deux ou trois minutes.

Les trois premiers jours de son arrivée à Contrexéville il boit de son propre mouvement quatre à cinq verres d'eau minérales le matin, et plusieurs dans la soirée, ce qui augmente de beaucoup ses souffrances. Les urines étaient sanguinolentes ; le besoin de les rendre se manifestait toutes les cinq à six minutes ; cuisson en urinant ; sensation de brûlure le long du canal de l'urètre après avoir uriné ; enfin tous les symptômes d'une cystite aiguë. Les bains, des boissons adoucissantes, des sangsues et des lavemens le remirent à peu près dans l'état où il était avant son départ pour les eaux.

Le 3 juillet il boit deux verres d'eau minérale coupée par moitié avec de l'eau de guimauve. Dans la journée eau de gomme, un bain, lavemens; les jours suivans mêmes prescriptions, si ce n'est qu'il augmentait tous les jours d'un verre d'eau minérale coupée avec l'eau de guimauve, en diminuant progressivement celle-ci, et le 10 il boit l'eau pure à la dose de deux verres.

Le 14, huit verres, bain; dans la journée eau gommée; la constipation a cessé, deux à trois selles liquides chaque matinée. Les envies d'uriner sont moins fréquentes, les douleurs moins vives, l'urine plus claire, l'odeur ammoniacale moins forte; l'appétit revient, le sommeil est meilleur, n'étant plus obligé de se relever que toutes les deux ou trois heures pour uriner. Il prend une douche de quinze à vingt minutes sur les reins avant son bain.

Le 24, douze verres, bain, douche; on remarque plus de dépôt que les jours précédens dans les urines, qui, par le refroidissement, se mettent en flocons ou en filamens. Ces mucosités étant déposées ont encore une odeur d'ammoniaque si on les frotte étant sèches.

En partant dans les premiers jours d'août, le dépôt des urines continue, le refroidissement ne le fait plus agglomérer, il reste en suspension si on agite; toutes les autres fonctions se font naturellement. On conseille au malade de porter de la laine sur la peau, et un an après son départ il continuait à bien aller quoiqu'il y eût toujours un peu de dépôt dans les urines. Il ne souffrait plus en urinant, et était plusieurs heures sans en ressentir le besoin. Son appétit se soutenait et il avait recouvré beaucoup d'embonpoint.

Trente-unième observation.

Un officier des gardes-du-corps, âgé de 47 ans, eut dans sa jeunesse deux gonorrhées; il en contracta une troisième à l'âge de 30 ans, qui fut cordée; elles guérirent sans lui laisser d'incommodité : cependant quand il avait fait quelques écarts de régime, il ressentait pendant quelques jours en urinant une légère douleur à la racine de la verge, à laquelle il ne fit point d'attention. Environ deux ans après la dernière gonorrhée, il lui survint une démangeaison entre les cuisses, surtout quand il avait chaud : depuis l'apparition de cette démangeaison il croit ne plus avoir ressenti la douleur qu'il éprouvait par fois à la racine de la verge en urinant, jusqu'au moment où il chercha à s'en guérir. Comme il se livrait avec passion à l'exercice de la chasse et du cheval, il crut qu'elle en était la suite. Pendant plusieurs années il supporta cette incommodité sans penser à s'en guérir. Vers 44 ans, comme elle devint moins supportable, il voulut s'en débarrasser, quelques lavages qu'il fit avec de l'eau marinée et de l'eau de Goulard diminuèrent le prurit. Après plusieurs semaines de l'usage de ces moyens, il s'aperçut qu'il urinait plus souvent, qu'il avait après avoir uriné des cuissons dans la verge, surtout à sa racine, et que le jet de l'urine diminuait de grosseur. Un écart de régime fit tout empirer, il eut une rétention d'urine complète. L'introduction d'une sonde dans la vessie fut très-douloureuse, il s'écoula beaucoup de sang pendant et après l'opération. On voulut la laisser à demeure et vingt-quatre heures après il fallut la retirer ; il sortit encore du sang en abondance; les bains calmèrent la douleur. La dartre (car il est à présumer que c'en était une qu'il avait aux cuisses) était disparue. Dès ce moment les urines prirent une odeur ammoniacale et chariaient une matière glaireuse qui adhérait au fond du vase de nuit. Quelquefois les glaires obstruaient le canal de l'urètre, et rendaient la sortie des urines plus difficile.

Pour se débarrasser de cette infirmité, on lui conseilla

l'application d'un séton à la région suspubienne, et l'usage des eaux de Bourbonne, en boissons, en bains et en douches. Depuis six semaines il portait un séton quand il se rendit à Bourbonne; comme ce séton était très-douloureux, qu'il n'avait amené aucun soulagement à sa position, il le supprima de son propre mouvement, et continua quinze jours à faire usage de ces eaux sans soulagement; ce fut alors qu'il se décida à venir à Contrexéville, où il arriva le 13 juin 1820. Il avait des envies fréquentes d'uriner, etc. Le ventre était paresseux, n'allait que de deux ou trois jours l'un : douleurs permanentes vers le bulbe de l'urètre, augmentant par la marche, se calmant quand il est couché; reparaissant par le moindre mouvement. Le rétrécissement du canal de l'urètre nécessitait le passage d'une bougie deux fois par semaine; il était toujours douloureux et souvent suivi d'émission de sang. C'est dans cet état qu'il commença à boire les eaux par cinq verres, le 14 juin 1820. Comme il était très-altéré, il buvait pendant le reste de la journée de l'eau de graine de lin, édulcorée avec le sirop de gomme.

Le 19, il boit sept verres, urines moins troubles, moins odorantes, dépôt moins copieux. Il urine moins souvent, douleurs moins vives, plusieurs selles liquides dans la matinée.

Le 30, il boit douze verres, urines assez claires, ayant perdu leur odeur d'ammoniaque; encore des pellicules glaireuses dans les urines de nuit; le sommeil n'est plus interrompu que deux à trois fois la nuit par le besoin d'uriner, au lieu de dix à douze, comme avant l'usage des eaux.

Depuis ce jour il alla de mieux en mieux, et il ne lui restait au jour de son départ, le 10 juillet, après avoir uriné, qu'une légère sensation au canal de l'urètre. Le rétrécissement de ce canal était le même qu'à son arrivée. Il est retourné prendre des douches à Bourbonne, où il continuait à boire deux litres d'eau de Contrexéville, chaque matin. En quittant Bourbonne, la marche et même l'équitation ne le faisaient plus souffrir. Il a repris son service de garde-du-corps, à son retour à Paris: il le continuait encore en 1822.

Trente-deuxième observation.

M. de G...., de Saint-Quirin, âgé de 70 ans, d'un tempérament lymphatico-sanguin, d'une constitution très-replète, depuis plus de douze ans éprouvait une lenteur dans l'émission des urines, dont le jet était diminué de volume.

Sur la fin de 1823, sept à huit jours après son retour de Baden, où il allait chaque année prendre les eaux pour des atteintes de rhumatismes, il fit à cheval un voyage de quatre à cinq lieues, pendant lequel il fut obligé de descendre plusieurs fois pour uriner. Il était long-temps pour satisfaire à ce besoin. Les urines étaient chaudes et douloureuses. De retour à la maison, elles étaient rendues avec plus ou moins de difficulté, et mêlées d'une assez grande quantité de sang. Les jours suivans il survint en outre des maux de reins, une douleur obtuse dans la région de la vessie, laquelle se propageait le long de l'urètre, et devenait aiguë quand le besoin d'uriner se manifestait, ce qui arrivait chaque quart-d'heure ou demi-heure. Les urines étaient très-brunes, et après sept à huit heures de repos, on remarquait en les traversant le cinquième ou sixième de leur volume de glaires extrêmement filantes, colorées par le sang, ainsi qu'une assez grande quantité de sable jaune, paraissant être de l'acide urique.

Cette affection fut combattue par l'application des sangsues, des demi-bains, etc. Tous ces moyens ne furent employés qu'à demi; cependant après huit à dix jours, M. G. se trouvant assez bien, les urines passaient mieux et ne contenaient plus de sang; les glaires ne formaient plus que le trentième de leur volume. Un professeur de Strasbourg fut consulté, il assura que M...., n'avait pas la pierre; il lui conseilla un régime analeptique et les eaux de Guilleneau pour boisson ordinaire.

Dès le lendemain de l'usage de ces eaux, dont le malade but le premier jour une cruche d'un litre et demi, les urines furent beaucoup plus abondantes, chaudes à leur passage, se colorant de sang pur. Il survint un malaise général, l'appétit se perdit, les maux de reins se renouvelèrent, se propagèrent jusque dans la vessie, en un mot tous les symptômes de l'inflammation aiguë se manifestèrent de nouveau.

M. le docteur Lahalle, de Sarrebourg, qui a bien voulu me communiquer ces renseignemens, étant arrivé près du malade, fit suspendre les eaux et donner en place des boissons mucilagineuses, appliquer des sangsues, prendre des bains, le régime, et en général le traitement anti-phlogistique. Après quelques jours de son emploi il y eut un mieux-être sensible, les ardeurs d'urine se calmèrent, les urines ne furent plus teintes de sang, mais déposaient toujours beaucoup de glaires au fond du vase de nuit. Cette affection passa à l'état chronique. M. de G.... partit pour Francfort au commencement d'octobre. Un médecin de cette ville lui promit de le guérir par l'usage de l'eau de chaux. Il en prit durant une partie de l'hiver et revint à Saint-Quirin au commencement de 1824, comme il en était parti, c'est à dire avec son catarre; ce qui décida le docteur Lahalle à l'envoyer à Contrexéville, où il arriva le 19 août 1824. Il était dans le même état qu'en partant pour Francfort, en octobre 1822 Après huit jours de l'usage des eaux de

Contrexéville, il y eut une diminution sensible dans la quantité de mucosités chariées par les urines, et quelques jours après elles disparurent entièrement. Il m'écrivit le 26 janvier suivant: J'ai la satisfaction de pouvoir vous dire que depuis mon départ de Contrexéville, je n'ai pas eu le moindre ressentiment de ma maladie, et que j'en suis entièrement délivré. Je bois bien encore ces eaux de temps en temps, mais par reconnaissance, et je me propose, par le même motif, d'aller l'été prochain les prendre à la source. Ces eaux, en l'espace de quelques jours m'ont radicalement guéri d'un mal qui avait résisté à tous les secours de la médecine. Quelques écarts de régime ont fait reparaître quelques mucosités dans les urines, au printemps de 1825. M. G.... est revenu aux eaux cette année, et en est reparti très-satisfait.

Trente-troisième observation.

M. M...., de Nancy, âgé de 74 ans, ayant beaucoup d'embonpoint, arriva aux eaux de Contrexéville, en 1825, pour une affection catarrale de la vessie, qu'il attribuait à la suppression d'une sueur habituelle aux pieds.

Dix jours d'usage des eaux de Contrexéville, amenèrent des selles copieuses, liées, grisâtres, au nombre de dix à douze chaque matin pendant qu'il buvait. Dès ce moment le dépôt muqueux des urines diminua; au dix-huitième jour de la saison elles perdirent leur odeur d'ammoniaque, le dépôt muqueux sa tenacité, et au vingt-quatrième jour le catarre disparut. Il fut remplacé par une légère diarrhée qui dura jusqu'au mois de septembre. Elle cessa après avoir mangé beaucoup de raisins, et la sueur des pieds reparut.

Il continua à jouir d'une bonne santé jusqu'à sa mort, arrivée quelques années après, suite d'apoplexie.

Trente-quatrième observation.

M. B.., capitaine ingénieur géographe, à la résidence de Strasbourg, âgé de cinquante ans, éprouva en 1826, quelques légères irritations au canal de l'urètre en urinant ; une nuit il fut éveillé par des coliques, une vive douleur à la vessie, avec un pressant besoin d'uriner qu'il ne put satisfaire. De grands efforts pour y parvenir produisirent des selles foncées, et seulement quelques gouttes d'urine ; le lendemain quinze sangsues au périnée, soulagement marqué; après quarante-huit heures, il fut encore éveillé par de nouvelles douleurs, mais moins violentes que les premières. Quinze sangsues appliquées firent croire au malade qu'il était guéri, sauf quelques légères cuissons en urinant, quoique les besoins ne fussent pas plus fréquens qu'avant son accident.

Deux à trois jours après ces accidens passés, il eut une jaunisse ; un régime convenable et une limonade avec l'acide tartareux, firent disparaître en deux ou trois semaines cette maladie, sans qu'il eut éprouvé d'accidens du côté des voies urinaires.

En juin il partit en campagne pour un travail très-actif qui exigeait dix ou douze heures de courses par jour, par un temps très-chaud ; alors les irritations de l'urètre et de la vessie reparurent avec envies fréquentes d'uriner, ce qui amena un dépôt muqueux très-abondant dans les urines, qui par fois étaient teintes de sang; malgré ces souffrances il ne put rentrer à Strasbourg que cinq semaines après que ce catarre fut caractérisé ; le régime qu'il suivit et les médicamens qu'il prit en juillet, restant sans succès, on l'envoya aux eaux de Niderbrunn, en Alsace, où il but de douze à quatorze verres d'eau par jour, prit des bains, des boissons diurétiques, avec l'uva-ursi, etc., etc., des opiats résineux pendant six semaines, le tout sans succès; rentré à Strasbourg, il fut mis à l'usage de l'eau de gomme, de goudron, des opiats résineux, des bains entiers, de siége, émolliens et aromatiques, des injections d'eau de guimauve avec l'eau de chaux, de vésicatoires au périnée, de frictions mercurielles, sans rien obtenir. Il resta le même depuis septembre 1826 jusqu'en avril 1827; pour moins souffrir il était obligé de rester couché sur les côtés, il urinait pendant la nuit de six à huit fois par heure, le moins chaque quart-d'heure, avec douleur à la vessie, à l'urètre et à l'aine droite; les urines étaient brunes, troubles, sanguinolentes, puantes; reposées, elles donnaient un magma très-épais, filant comme du blanc d'œuf quand on inclinait le vase on voyait dans ce dépôt des paquets de glaires ressemblant à de petits morceaux de chair; leur volume était d'environ quatre pouces cubes par vingt-quatre heures.

Avril 1827 fut chaud: l'intensité de ses souffrances diminua; le dépôt se réduisit à deux pouces cubes, au lieu de quatre: en juin il n'en rendait plus qu'un; ce fut ainsi qu'il arriva à Contrexéville, au 1er juillet 1827. C'est lui qui raconte les détails que je viens de rapporter; il urinait chaque demi-heure: ces urines étaient troubles, blanchâtres, puantes, déposant des mucosités brunes mêlées de sang, s'attachant aux parois du vase de nuit, il les rendait avec douleur et fréquemment; son teint était jaune plombé, il était d'une grande faiblesse, sans appétit, et ses digestions étaient difficiles.

Les douze premiers jours de l'usage des eaux n'apportèrent aucun changement à son état.

Du douzième au vingtième jour, les dépôts de ses urines ont augmenté peu à peu, jusqu'au double de ce qu'ils étaient en arrivant, et contenaient beaucoup de phosphate de chaux: il buvait alors de quatorze à seize verres chaque exercice.

Du vingt au trente, diminuant le nombre des verres d'eau, les dépôts se sont réduits comme lors de son arrivée, mais ils contenaient du phosphate de chaux.

Du premier au vingt-cinq août, pendant cette seconde saison l'effet des eaux fut secondé par des bains entiers, des douches simples et des soufrées; les dépôts des urines étaient d'un pouce et demi cube par vingt-quatre heures, et contenaient un quart, un tiers et même moitié de phosphate de chaux, et quatre à cinq fois ils ont été presque en entier de cette substance et d'acide urique.

Pendant la première saison, le malade n'avait qu'une selle de digestion par jour, pendant la seconde il en a eu de deux à trois liquides.

Le malade était arrivé aux eaux de Contrexéville dans un état de fatigue et de maigreur approchant du marasme, il y a repris des forces et de l'embonpoint. A sa grande satisfaction, il sent que l'amélioration que les eaux ont faite et déterminée chez lui fait des progrès, que l'irritation de la vessie et sa sensibilité en pressant au-dessus du pubis est à peu près nulle, ainsi que celle du canal de l'urètre, que les envies d'uriner pendant la nuit n'ont plus lieu que chaque quatre à cinq heures, au lieu de cinq à six par heure, que le dépôt très diminué au lieu d'être tenace, lourd, est très-léger, et nage comme un énéorême dans l'urine, bien-être qui se soutenait quand il arriva aux eaux, le huit juillet 1828, où il passa deux saisons. Quelques jours avant de partir pour les eaux, il eut plusieurs accès de fièvre intermittente, avec douleur pleurodynique au côté droit, qui, quoique la fièvre ait disparu par l'effet du sulfate de quinine, persistait encore à son arrivée: ce qui ne l'empêcha pas de boire les eaux, coupées les premiers jours avec du lait; elle avait disparu à la fin de sa première saison.

Pendant sa seconde saison, il fit usage de bains entiers, de douches sulfureuses sur les lombes, les aines, le pubis, dont il s'est parfaitement trouvé. Il y eut aussi diminution notable dans le dépôt des urines, qui restait en suspension; elles contenaient du phosphate de chaux, et de l'acide urique, mais en bien moindre quantité que l'année dernière, et tous ces dépôts n'équivalaient au plus qu'à un quart de pouce cube par vingt-quatre heures, les douleurs de la vessie et de ses annexes ont cessé: il a recouvré ses forces, son sommeil, son appétit, en un mot, sa santé, et l'on doit croire à une guérison parfaite, d'après le régime de vie qu'il s'est imposé.

Ne doit-on pas croire que si M. B.... était venu à Contrexéville en 1826, au lieu d'aller à Niderbrunn, sa guérison eût été plus prompte, et qu'il aurait évité bien des souffrances?

CATARRE VÉSICAL OCCASIONNÉ PAR UNE DARTRE RÉPERCUTÉE.

Trente-cinquième observation.

M. Belge, âgé de 48 ans, avait eu pendant cinq à six ans une dartre sur les cuisses et le scrotum: il voulait s'en débarrasser. C'est pourquoi il prit quelques bains et fit des lotions sur cette dartre, avec une eau laiteuse (sans doute de l'acétate de plomb), après quelques semaines elle disparut. C'était sur la fin de l'hiver, tout l'été il n'en eut aucun ressentiment et se porta bien. Vers le milieu de l'hiver suivant, il se rendit à Paris, où il resta trois semaines, et de là dans le midi de la France; quelques jours après son départ de Paris il commença à souffrir en urinant: il crut avoir gagné une gonorrhée : comme il n'avait aucun écoulement, il pensa que ce n'était qu'un échauffement, et y fit peu d'attention. Après trois mois il rentra chez lui, où malgré le repos, des boissons rafraîchissantes et des bains, son état empira; il ressentit de la douleur à la vessie et ses urines commencèrent à charier des mucosités, qui, lorsqu'il arriva à Contrexéville, en 1813, un an après, formaient le sixième au moins de leur volume.

Le quatrième jour de sa saison, il but sept verres. Les urines coulaient mal: on fut obligé d'introduire une sonde, qui donna passage à beaucoup de filamens muqueux. Après deux heures elle fut retirée; un bain; les urines coulent tout le reste de la journée; par le refroidissement, elles déposèrent un cinquième de leur volume de mucosités puantes. Boissons mucilagineuses.

Le huitième jour, onze verres; douleurs moins aiguës, le dépôt muqueux moins copieux, les urines coulent assez facilement et sont moins puantes, plusieurs selles liquides dans la matinée; depuis le cinq il prend chaque jour un bain sulfureux de deux heures, boissons à la gomme, ce qui est continué.

Le quatorzième jour douze verres, amélioration sensible dans son état, il éprouve des cuissons entre les cuisses et autour de l'anus.

Le dix-septième, les douleurs et le dépôt muqueux très-diminués : une dartre furfuracée paraît à la partie supérieure interne de la cuisse droite et autour de l'anus, avec un prurit insupportable pendant la nuit: on le calme avec des lotions d'eau de son ou de cerfeuil. Continuation des bains sulfureux et des boissons mucilagineuses.

Le vingt-deuxième jour, douze verres, la douleur de la vessie et de l'urètre a disparu ; un peu de dépôt muqueux dans ses urines quand elles sont froides, au plus un douzième.

Le vingt-septième jour il est obligé de quitter Contrexéville : il se fait expédier des eaux pour les continuer chez lui. Dans le mois d'août, il se rend aux eaux d'Aix-la-Chapelle pour y prendre des bains, il continue à boire les eaux de Contrexéville. L'année suivante j'ai appris qu'il était guéri de son catarre, et même de sa dartre, mais qu'il s'était astreint à porter un cautère à la cuisse.

Il est à présumer que s'il eût pu prolonger son séjour à Contrexéville il aurait obtenu guérison, ainsi que Bagard l'a avancé, et que Thouvencl l'a observé plusieurs fois. En 1819 j'ai observé le même fait : la personne qui en est le sujet fut guérie de son catarre en quarante jours, par l'usage des eaux, et celui des bains sulfureux, après cependant lui avoir établi un cautère le dixième jour de son arrivée à Contrexéville; depuis elle n'a eu aucun ressentiment de ces deux affections, quoique commettant beaucoup d'écarts de régime; mais il existait continuellement un cercle dartreux autour de son cautère, qui a plus ou moins d'étendue, suivant la saison et le genre de vie qu'elle mène.

AFFECTION DES VOIES DIGESTIVES.

Trente-sixième observation.

Le maréchal de camp baron Boyer de Saint-Michel, d'une bonne constitution, ayant assez d'embonpoint, arriva aux eaux de Contrexéville, le 28 juillet 1822, pour y chercher du soulagement à l'affection suivante, qui datait de plusieurs années. Auparavant il jouissait d'une bonne santé. Il me dit par une lettre : « J'éprouvais très-fréquemment, avant d'aller aux eaux de Contrexéville, un état très-pénible de l'estomac, qui avait lieu surtout au moment de la digestion des alimens. Deux ou trois heures après le repas, cet organe se trouvait très-distendu par des vents, j'éprouvais beaucoup de pesanteur à l'épigastre, ma respiration était gênée, j'éprouvais aussi des éructations, des rapports nidoreux, amers ou qui conservaient l'odeur des alimens que j'avais mangés; ma digestion ne se faisait plus, et ce n'était qu'en mangeant extrêmement peu et en faisant beaucoup d'exercice à pied que je parvenais à me soustraire à la gravité de ces accidens. La digestion stomacale faite, j'éprouvais la même pesanteur dans les intestins, j'avais des borborygmes fatigans, douloureux; la promenade, l'application de linges chauds sur le ventre étaient nécessaires pour faciliter l'éruption des vents qui distendaient mes intestins; j'avais le ventre paresseux, quelquefois la diarrhée; toutes mes évacuations alvines très-infectes étaient accompagnées de beaucoup de mucosités: je perdais mes forces et je maigrissais à vue d'œil.

« C'est en vain que pour remédier à cet état alarmant on avait eu recours à l'application de sangsues à l'épigastre et à l'anus, aux boissons délayantes, aux anti-spasmodiques, puis aux toniques; mes crises se renouvellaient très-fréquemment, et me rendaient réellement l'existence pénible, lorsque mon médecin habituel me conseilla de faire usage des eaux de Contrexéville. J'y allais à peu près convaincu qu'il en serait de ce remède comme de ceux dont j'avais fait usage jusqu'alors; je dois dire cependant qu'elles m'ont guéri, je ne souffre plus du tout, je puis manger de tout depuis un an, mon estomac fait ses fonctions comme si je n'avais jamais souffert. Voilà l'exacte vérité, je me porte très-bien, et j'attribue ma guérison aux eaux de Contrexéville. »

Il vint faire une saison de reconnaissance en 1823, ayant joui d'une parfaite santé depuis son départ des eaux, et en 1828 il continuait à se bien porter.

Trente-septième observation.

La femme Brice Nicolas de Vicheny, âgée de quarante-six ans, d'un tempérament lymphatique, éprouvait depuis plusieurs années une douleur sourde à la région de l'estomac, qui augmentait après avoir mangé, et quelquefois était suivie de vomissement des alimens quand elle en avait pris trop abondamment ; pendant l'été de 1822 elle fatigua beaucoup, étant occupée aux ouvrages de la campagne, ce qui aggrava son état : les douleurs devinrent continuelles, elle vomissait souvent, non seulement des alimens, mais encore, le matin, des matières glaireuses en abondance. L'ingestion des alimens solides lui faisait éprouver une douleur assez vive à la région de l'épigastre ; enfin elle ressentait tous les symptômes d'une gastrite chronique, quand on lui conseilla les eaux de Contrexéville. Son peu de fortune ne lui permettant pas de venir les boire à la source, et ayant peu de confiance en sa guérison, elle se contenta d'en envoyer chercher pour les boire chez elle, pendant l'automne de 1822. Ces eaux déterminèrent chez elle une amélioration à laquelle elle ne s'attendait pas ; les douleurs furent moins vives, les vomissemens plus rares. Un régime exact et des boissons douces contribuèrent à lui faire passer un hiver tranquille.

Elle vint à Contrexéville le 31 mai 1823, et les but à petite dose.

Le dix-septième jour, elle en buvait douze verres. Il n'existe plus de douleurs, mais beaucoup de sensibilité par la pression sur l'épigastre, les digestions sont assez faciles. Les eaux l'ont beaucoup purgée; en les quittant le lendemain, elle emporta de l'eau chez elle pour en boire. Après un mois de leur usage, hors de la fontaine, sa santé est parfaitement rétablie.

Depuis le mois de février 1824, ses règles ont cessé; elle continuait à jouir d'une bonne santé, lorsque dans les premiers jours du mois d'août 1825, elle reçut un coup à l'épigastre qui réveilla les douleurs et les vomissemens. Elle s'empressa de se rendre à Contrexéville, où après quinze jours de l'usage des eaux, tout rentra dans l'ordre. Elle est repartie avec de l'appétit, et ses fonctions digestives se faisant facilement et sans la moindre douleur; elle continue de jouir d'une bonne santé.

Trente-huitième observation.

Mme P. d'Abacourt, âgée de 55 ans, d'une forte constitution, ayant beaucoup d'embonpoint, a cessé d'être réglée à 50 ans. Elle éprouvait depuis quinze ans une douleur à l'épigastre, après avoir mangé: cette douleur avait fait peu de progrès, mais depuis cinq à six mois les digestions devenaient plus laborieuses et elle éprouvait des dégoûts pour les alimens gras. Au commencement de juillet 1822, ces derniers symptômes augmentèrent; de plus elle avait des renvois d'un goût de sang, ce qui la fatiguait et lui fit perdre totalement l'appétit. La moisson s'ouvrit sur la fin du mois; le premier jour elle fut à la campagne, il faisait très-chaud: elle se fatigua, étant très-altérée elle but de l'eau fraîche en abondance, ce qui lui rendit le goût de sang plus sensible encore. Se trouvant mal, elle retourna chez elle, où en arrivant elle eut une faiblesse et des vomissemens copieux d'un sang noir grumelé, avec étouffement, difficulté de respirer, perte de la connaissance et de la parole. Cet état dura douze heures, les vomissemens cessèrent, elle recouvrit la connaissance et la parole; à la suite de ce vomissement il lui resta une douleur sourde à l'hypocondre gauche: la douleur de l'épigastre était plus sensible, les digestions très-pénibles, souvent vomissemens d'alimens, ou muqueux teints de sang, qui avaient lieu sans beaucoup d'effort.

Connaissant les bons effets que le sujet de l'observation précédente avait obtenus de l'usage des eaux de Contrexéville, elle vint les prendre à la source, où elle arriva le 21 septembre 1822; elle les prit pendant quinze jours, et en obtint beaucoup de soulagement. Elle continua à les boire chez elle pendant vingt-cinq jours, ce qui suffit pour rétablir sa santé, qui fut parfaite, jusqu'en juillet 1824, où après des fatigues et de grands chagrins elle ressentit quelques douleurs à l'estomac qui devinrent des plus vives; au 25 août, on lui fit une saignée au bras qui parut la soulager, mais ce ne fut que de courte durée; le lendemain elle fut prise de vomissemens muqueux très-liquides sans odeur: des boissons douces et calmantes les firent disparaître. Elle profita de ce moment pour venir prendre les eaux à la source; quinze jours suffirent pour lui faire recouvrer sa santé dont elle jouit encore.

Trente-neuvième observation.

Un colonel d'artillerie était sujet depuis long-temps à une affection *cérébrale*, qui allait jusqu'à lui faire perdre connaissance, se renouvellait souvent, même plusieurs fois par jour. Les moyens mis en usage pour le guérir l'affaiblirent beaucoup, sans amener d'amélioration. Il lui survint, sans cause conuue, comme un dévoiement sanguinolent très-douloureux, qui lui fit craindre une dyssenterie ; pour l'arrêter il prit, de son chef, de la crême de tartre ; elle arrêta de suite cette diarrhée, et par suite il éprouva des douleurs à la région du foie et du pylore, qui furent suivies du vomissement de tout ce qu'il ingérait. Cette affection caractérisée de squirre au foie et au pylore, est jugée ainsi par tous les médecins qu'il consulta. A ces vomissemens se joignit une constipation opiniâtre, qui, à son arrivée à Contrexéville, durait depuis deux mois, sans qu'il eût rendu le moindre excrément.

Les huit premiers jours qu'il but les eaux, il les vomit en partie, et crut qu'il serait obligé d'y renoncer ; mais comme on lui avait fait pressentir que sa maladie était mortelle, que le médecin qui l'avait engagé à aller à Contrexéville, lui avait dit qu'il n'y avait que ces eaux qui pussent le guérir, il persista à boire, et à son grand étonnement elles passèrent après huit jours d'essai ; le ventre s'ouvrit, et au onzième jour il avait récupéré de l'appétit, et ses facultés digestives ; et en quittant les eaux le 16 août, après un mois de leur usage, il était parfaitement guéri de la gastrite chronique qui l'avait amené à Contrexéville. Il pouvait se livrer à son appétit, même manger de la pâtisserie, qu'il digérait avec la même facilité qu'avant l'altération de sa santé. Mais sous le rapport de l'affection *cérébrale*, il n'avait obtenu aucune amélioration. Ce genre de maladie est d'ailleurs d'une espèce que l'on guérit rarement. Un de ses amis m'écrivait, en décembre 1828 : « Le colonel est à la campagne, sa maladie de tête le prend toujours plus fréquemment, trois et quatre fois par jour ; sans cela il irait bien. »

VICES DE LA MENSTRUATION.

Quarantième observation.

Mademoiselle S...., âgée de seize ans, fut élevée dans une pension de Paris, où elle était entrée dès son bas âge, après la mort de sa mère. Elle a constamment joui d'une bonne santé jusqu'à l'âge de quatorze ans et demi; elle était grande pour son âge, mince, mais d'une belle carnation. A cette époque, elle eut la rougeole; sa convalescence fut longue : on fut obligé de l'envoyer à la campagne, où, après trois mois, elle recouvra ses forces et sa vivacité ordinaire. Quelques jours avant de revenir à la ville ses règles parurent pour première fois en petite quantité, et ne durèrent qu'un jour. Retournée dans sa pension, ses règles ne reparurent plus, quoiqu'elle jouît toujours d'une bonne santé. Sur la fin de l'hiver suivant on s'aperçut qu'elle perdait de sa gaîté, qu'elle fuyait les amusemens; plus tard, elle perdit l'appétit, les digestions devinrent pénibles, elle vomissait souvent sans efforts et sans douleurs ce qu'elle avait mangé; son teint se décolorait, elle ne se livrait qu'avec peine à ses occupations favorites; les pieds enflèrent ainsi que le bas des jambes. Quelquefois une légère hémorrhagie nasale avait lieu; lorsqu'elle se renouvelait plusieurs jours de suite la malade allait mieux. Elle fut mise à l'usage des boissons amères, de vins ferrés, de bains presque froids, etc. Ce traitement ne fit qu'augmenter son état chlorétique. Un autre médecin appelé conseilla l'air de la campagne, un exercice modéré, de la distraction, des boissons douces, des bains tempérés, et quelques grains de quina avant chaque repas. Ce traitement soigneusement suivi pendant un mois, amena beaucoup d'amélioration; les forces revinrent, il n'y eut plus de vomissement, l'appétit fut meilleur. Pour consolider la guérison, on lui conseilla un voyage aux eaux de Plombières.

La personne qui devait l'y conduire avait besoin de celles de Contrexéville : elle s'y rendit avant d'aller à Plombières. La jeune personne en arrivant était très-fatiguée ; elle avait la figure un peu bouffie, une grande pâleur : la moindre promenade la fatiguait, elle mangeait peu, avait des digestions pénibles et un mauvais sommeil. Le docteur Thouvenel conseilla de lui faire boire les eaux de Contrexéville ; son père ne se rendit à son avis qu'avec peine, attendu que le médecin qui avait vu sa fille ne les lui avait pas conseillées, sachant bien cependant qu'elle devait y aller.

Elle commença à en boire à la dose de deux demi-verres les deux premiers jours, et le onzième elle en buvait huit entiers. Ces eaux prises en boissons furent secondées par des demi-bains de deux jours l'un.

Après quinze jours, son appétit devint meilleur, ses forces augmentèrent, elle put se livrer sans fatigue à des promenades à pied ou en voiture ; cet exercice qui lui répugnait beaucoup les premiers jours, devint son amusement favori.

Le vingt-quatrième jour, les règles parurent sans être annoncées par aucun trouble ; elles coulèrent trois jours en petite quantité : ce sang était vermeil et consistant. Dès lors elle récupéra sa santé et toute sa gaîté.

Elle quitta les eaux un mois après y avoir récupéré sa santé et toute sa fraîcheur. Depuis, les règles ont paru régulièrement chaque mois ; elle a continué à jouir d'une bonne santé ; aujourd'hui elle est mariée et mère de famille.

Quarante-unième observation.

Mademoiselle B...., âgée de 17 ans, d'une petite stature,

d'un tempérament lymphatique, ayant le teint pâle, les membres assez gros, les chairs mollasses, était très-apathique, mangeant peu, ayant des digestions pénibles. Elle eut ses règles à quatorze ans ; chaque fois qu'elles paraissaient, elles s'annonçaient par un malaise général, des coliques, des douleurs de reins, qui cessaient par l'apparition d'une pctite quantité de sang pâle, séreux ; elles coulaient environ vingt-quatre heures. Très-irrégulières, quelquefois elles ne paraissaient qu'après quarante jours, d'autres fois après deux mois et même plus ; et son apathie faisait des progrès en raison du plus grand intervalle qui s'écoulait entre chaque retour. Arrivée à Contrexéville, elle recherchait la solitude, craignait la fatigue : ses règles n'avaient pas paru depuis plus d'un mois.

Le quatorzième jour de la saison elle buvait dix verres. Ce jour l'apparition de ses règles fut annoncée par des douleurs vives aux reins, avec envies fréquentes d'uriner ; elles furent de la même durée qu'avant l'usage des eaux ; seulement on crut s'apercevoir qu'elles étaient moins séreuses et moins pâles.

Les jours suivans elle perdit de son apathie, commença à rechercher la société, faisant avec plaisir des promenades à pied ; son appétit revint et elle digérait assez bien.

Vers le dix-septième jour, elle eut chaque matin plusieurs selles liquides très-séreuses ; pour lors la bouffissure qu'elle avait apportée à Contrexéville disparut, son teint devint plus clair, elle reprit de la vivacité, en un mot elle éprouva une amélioration très-sensible dans son état, présage d'une guérison complète. Elle quitta les eaux après un mois, emportant cet espoir qui ne fut pas déçu ; car les menstrues se régularisèrent, et trois mois après elle avait totalement recouvré sa santé, et depuis elle se porte bien.

Quarante-deuxième observation.

Mademoiselle R. E...., de Besançon, âgée de 18 ans, d'un tempérament lymphatico-nerveux, d'une stature ordinaire et d'une assez faible constitution, éprouvait une irritation continuelle à l'hypogastre, des douleurs vagues d'estomac, était mal réglée; et chaque apparition annoncée par un malaise général, était suivie d'un écoulement en blanc de plusieurs jours. Elle éprouvait cet état de souffrance depuis deux ans qu'elle était réglée. Malgré les soins d'un médecin distingué, elle n'avait encore obtenu aucun soulagement à ses maux quand elle arriva à Contrexéville, le 7 août 1823. Elle y fit une saison de vingt-un jours, ne buvant les eaux qu'avec répugnance, surtout à la fin, pensant qu'elles ne lui seraient pas plus utiles que les autres moyens qu'elle avait déjà employés. Elle fondait sa croyance sur ce que ses règles avaient paru pendant qu'elle buvait, qu'ayant éprouvé les mêmes incommodités qu'antérieurement, elle ne recueillerait aucun fruit de l'usage de ces eaux. Mais à son grand étonnement, toutes ces incommodités cessèrent un mois après avoir quitté Contrexéville, et depuis elle jouit d'une bonne santé. Ce qu'elle m'a confirmé par une lettre du 28 janvier 1825.

DE LA LEUCORRHÉE OU FLEURS BLANCHES.

Quarante-troisième observation.

Mme ......, d'une petite stature, d'une faible constitution, âgée de 24 ans, avait eu ses règles à seize ans et sans peine; elles étaient régulières, ne coulaient qu'un jour et en petite quantité; elle jouissait d'une bonne santé. Mariée quinze mois après, les règles continuèrent à être régulières quant à leur retour, mais bien plus copieuses les trois premiers mois. Après six mois de mariage elle s'aperçut qu'elles étaient précédées d'un écoulement en blanc qui durait plusieurs jours : elles étaient annoncées par un malaise général, peu d'appétit, etc. Insensiblement les règles devinrent irrégulières et les fleurs blanches permanentes, elles étaient à peine interrompues par une apparition en rouge. Elle ressentait des douleurs sourdes et continuelles à l'hypogastre, à l'estomac, en un mot des symptômes ordinaires aux leucorrhoïques. Telle était la position de Mme ..... quand elle arriva à Contrexéville, en 1817. Cet état chlorétique avait résisté à tous les moyens mis en usage pour le combattre.

Elle commença à boire les eaux à la dose de deux verres le premier jour. Le douzième elle en buvait douze. Ce jour elle prit une douche ascendante dirigée dans le vagin, ce qu'elle continua pendant le reste de sa saison.

Elle resta aux eaux un mois, elle y éprouva une diminution sensible dans l'écoulement en blanc; les règles qui parurent sur la fin de la saison furent assez abondantes; elle quitta les eaux le 11 août. Ayant récupéré de l'appétit et des forces, trois mois après elle devint enceinte. Les fleurs blanches ne reparurent plus, elle eut un accouchement heureux, ainsi qu'un second, en 1820. Depuis elle est régulièrement menstruée et continue à jouir d'une bonne santé.

AFFECTION GOUTTEUSE.

Quarante-quatrième observation.

M. le chevalier de M., se livrant avec passion à l'exercice de la chasse, avait toujours joui d'une parfaite santé, si ce n'est qu'il était sujet à des accès de goutte articulaire, qui le prenaient au printemps. Le premier accès eut lieu en 1795; le troisième en 1799, il dura six semaines. Cette année il prit les eaux de Contrexéville, ou après un mois de séjour un engourdissement qui lui était resté au côté droit disparut. Il eut encore un accès au printemps de 1800, ce qui l'engagea à revenir aux eaux les années suivantes jusqu'en 1809. Depuis il a constamment évité la goutte, quoique se livrant à la vie active de chasseur.

Dans le cours de ses exercices, les eaux déterminaient des évacuations alvines, nombreuses, de matières liquides très-muqueuses, et un flux d'urines mousseuses, déposant beaucoup de sédiment. On remarqua aussi que les articulations qui avaient été le siége de ses douleurs, se chargeaient la nuit d'une transpiration plus abondante que le reste du corps, et qui colorait légèrement en rouge le sirop de violettes. (Docteur Thouvenel).

Quarante-cinquième observation.

Le président C., qui, comme le précédent, avait déjà éprouvé plusieurs accès de goutte articulaire aiguë, ayant son siége aux doigts des pieds, fut envoyé aux eaux de Contrexéville, en 1807, par le docteur Thouvenel. Leur usage détermina un flux d'urine considérable et des évacuations alvines copieuses. La difficulté de marcher qu'il éprouvait se dissipa, et il quitta les eaux guéri. Il les fréquenta jusqu'en 1814, et depuis n'a eu aucun ressentiment de cette douloureuse maladie, avec la précaution de les boire chaque printemps chez lui.

Quarante-sixième observation.

M. le baron D., magistrat de la cour royale de Nancy, avait, avant 1808, essuyé diverses attaques de goutte articulaire, qu'il attribuait à un flux hémorrhoïdal supprimé. Il vint boire les eaux de Contrexéville, qui lui occasionnèrent des déjections alvines copieuses, firent reparaître son flux hémorrhoïdal, et depuis il n'a ressenti aucune atteinte de cette fâcheuse maladie. Chaque année il revenait à Contrexéville y boire les eaux, en obtenait le même résultat, et le reste de l'année jouissait d'une bonne santé.

Quarante-septième observation.

Un conseiller à la cour de cassation avait eu quelques légers accès de goutte articulaire sur les doigts des pieds et des mains; au commencement de 1817 il ressentit un accès assez violent, qui disparut après quelques jours. Pour lors il ressentit de la douleur au larynx avec gêne en respirant; faisant un rapport verbal un peu long à sa compagnie, la voix lui manqua; cette aphonie lui dura plusieurs mois, et ne cessa que quand de nouvelles douleurs reparurent aux doigts. Cette aphonie revint au printemps de 1820 et avec les mêmes symptômes, ce qui fit présumer que cette extinction de voix était due à la goutte. Alors on lui conseilla les eaux de Contrexéville.

Il vint les boire en 1820; elles agirent chez lui comme chez les autres goutteux : il eut des évacuations alvines très-considérables et des sueurs abondantes sur la poitrine et le cou. La gêne qu'il ressentait en respirant disparut, et la douleur au larynx se reporta sur le gros orteil du pied droit, qui devint douloureux. Dès-lors l'enrouement qu'il avait depuis cinq à six mois cessa, et il recouvra la voix. La goutte, après quelques jours de fixité sur le gros orteil, disparut. Il quitta les eaux dans un état de santé satisfaisant; il y revint en 1821, 1822, 1823, pour éviter de nouvelles attaques de cette maladie, et obtint ce qu'il désirait: il n'en avait eu aucun ressentiment quand il vint en 1826.

HYDROPISIE.

Qnarante-huitième observation.

Un cultivateur, âgé de 30 ans, consulta en 1811 le docteur Thouvenel sur une anasarque considérable, qui lui était survenue à la suite d'une fièvre quarte qui lui avait duré plusieurs mois. Cet homme était alors très-faible, sans appétit, son sommeil était interrompu par des suffocations fatigantes; il rendait peu d'urines qui étaient rouges et déposaient un sédiment briqueté, qui lavé laissait voir beaucoup de sable rouge assez dur. Il éprouvait en outre une douleur à l'hypogastre, laquelle, après qu'il avait uriné, se répandait jusqu'à l'extrémité du gland. Ces derniers symptômes engagèrent le docteur Thouvenel à lui conseiller l'usage des eaux de Contrexéville; il se rendit à son avis, et vint boire chaque matin les eaux à la source.

Les huit premiers jours il n'éprouvait rien de bien remarquable, si ce n'est que dans la matinée ses urines étaient augmentées en proportion de l'eau qu'il buvait.

Le neuvième jour on lui fit prendre une demi-once de sulfate de magnésie dans son second verre d'eau : ce jour il en but dix. Ce sel décida plusieurs selles liquides copieuses, et dans la nuit un flux d'urine considérable. Les jours suivans les évacuations continuèrent, et dès-lors l'on vit la leucophlegmatie diminuer, et vers le vingt-troisième jour disparaître. Son appétit et ses forces revinrent, ainsi que son sommeil, et enfin il récupéra sa santé après un mois de leur usage. Au douzième jour de la saison on remarquait chaque nuit dans ses urines la valeur d'une cuillerée à café de sable assez gros, qui, au vingt-cinquième jour, avait disparu avec les douleurs que le malade éprouvait en urinant.

VERTIGES.

Quarante-neuvième observation.

M. H. de S., député, fut envoyé par M. le docteur Lherminier aux eaux de Contrexéville, pour obtenir de leur action stimulante une fluxion sur les intestins et de douces purgations, afin de faire disparaître des vertiges, une tendance à une affection cérébrale, qui depuis long-temps menaçait le malade. Il avait une grande disposition au sommeil, point d'appétit et grande faiblesse des extrémités inférieures, de manière qu'il lui aurait été impossible de faire un quart de lieue sans éprouver de grandes fatigues.

Il commença à boire les eaux par trois verres, et en porta le nombre à quatorze; comme cela le purgeait peu, il prit à plusieurs reprises deux gros de sulfate de magnésie, qui lui occasionnèrent des purgations abondantes. A ces moyens, on joignit l'action stimulante de douches sur les extrémités inférieures. Ces moyens combinés firent totalement disparaître les infirmités qui l'avaient amené aux eaux.

Il quitta Contrexéville le 29 juillet 1826, après avoir récupéré sa santé qui n'a pas été altérée jusqu'en 1828.

Cinquantième observation.

Mme la comtesse de.... ayant passé le retour d'âge, était sujette à des vertiges et des étourdissemens, surtout quand elle baissait la tête, et aussi à une gastralgie presque continuelle. Elle fut envoyée aux eaux par M. le docteur Lherminier en 1826, pour chercher remède à ces affections; elle commença sa saison par deux verres d'eau minérale, et huit jours après, elle en buvait douze. Ces eaux déterminèrent des évacuations alvines, et firent disparaître ces affections. Mme de.... revint en 1827 à Contrexéville, où elle but comme l'année précédente; les eaux la purgèrent beaucoup, et consolidèrent sa guérison qui s'est maintenue depuis sa première saison aux eaux de Contrexéville.

DE L'USAGE EXTÉRIEUR DES EAUX.

Cinquante-unième observation.

En 1812, d'après les conseils du docteur Thouvenel, un ulcère scrophuleux qu'un enfant de douze ans avait au cou depuis dix-huit mois, fut guéri en moins de deux mois par des lotions souvent répétées faites avec de l'eau de Contrexéville, légèrement échauffée et ensuite froide; et par l'application sur l'ulcère de charpie et de compresses imbibées de cette eau. Le traitement local fut secondé par l'usage, à l'intérieur, d'eau minérale, à la dose d'un litre chaque matin, et de quatre pilules de Belloste tous les cinq jours. L'enfant, qui était faible et languissant, a récupéré sa santé.

Je pourrais rapporter une semblable observation qui m'est propre; mais comme le sujet est une fille, que pendant le traitement ses règles ont paru pour la première fois, et que la cicatrice de l'ulcère qu'elle avait à une malléole n'a marché que dès ce moment, on pourrait en conclure que la guérison est plutôt due à la puberté qu'à l'effet des eaux de Contrexéville, motif qui m'engage à me contenter de la citer sans en rapporter les particnlarités.

Cinquante-deuxième observation.

M. P., ancien négociant à Nancy, vint à Contrexéville en 1819, quelques mois après avoir été opéré de la pierre. Sa plaie n'était pas encore cicatrisée à son arrivée, nonobstant tous les moyens employés pour y parvenir. Il fit plusieurs fois par jour des lotions de cette eau sur sa plaie, ce qui fit marcher la cicatrice, et après quelques jours d'emploi de ce moyen, elle fût guérie.

Je pourrais citer un grand nombre d'observations sur le même sujet; elles seraient toutes aussi concluantes; de même que rapporter leurs bons effets comme collyre dans les maladies des paupières, principalement dans les petits ulcères des glandes de Meïbomius.

J'ai avancé que ces eaux nuisaient dans les cas où des calculs trop volumineux pour sortir par les voies naturelles existaient dans les voies urinaires, comme aussi dans l'hématurie. Je vais en rapporter des exemples.

Cinquante-troisième observation.

Mme de P. éprouvait depuis plusieurs années des douleurs aiguës au bas ventre et aux reins. Comme elle ressentait parfois des douleurs assez vives au col de la matrice, l'on crut devoir rapporter son état de souffrance à une maladie de cet organe, ce qui fit que l'on dirigea un traitement contre l'affection qu'on lui supposait. Elle fut envoyée aux eaux de

Vichy, de Spa, etc., et fit usage d'autres remèdes, qui, au lieu de la soulager, ne firent qu'aggraver ses souffrances. Elle perdit son embonpoint, l'appétit et le sommeil. Enfin, au printemps de 1814, on soupçonna sa véritable maladie, et elle fut envoyée aux eaux de Contrexéville, où elle arriva sur la fin de juillet. Elle était d'une grande maigreur, avait la peau sèche, brûlante, le pouls petit, faible, point d'appétit, de sommeil, la bouche sèche, le ventre paresseux, les urines brunes, puantes, se plaignant d'une douleur continuelle au rein gauche, que le moindre mouvement rendait plus vive. Elle était obligée de rester couchée sur le dos, seule position supportable.

Elle commença à boire les eaux à la dose de deux verres; les jours suivans, elle en augmenta le nombre avec d'autant plus de plaisir qu'elle se trouvait soulagée : en effet les urines devinrent plus copieuses, et perdirent de leur couleur brune et de leur odeur; le ventre fut moins paresseux, les douleurs moins aiguës, et le sommeil semblait renaître. Ce bien-être l'encouragea, elle crut que plus elle boirait plutôt elle serait guérie; malgré mes observations elle persista à boire beaucoup, et porta le nombre de verres de dix à douze et même plus chaque matinée. Malheureusement ce bien-être n'était que trompeur : après dix jours elle fut forcée de les discontinuer; les douleurs devinrent insupportables, furent suivies de suppression d'urine, de vomissemens, etc., etc.; la mort mit fin à ses souffrances dix jours après son arrivée à Contrexéville.

L'autopsie fit reconnaître les désordres suivans : le rein droit sain, mais très-petit; le gauche avait conservé sa forme et son intégrité dans une petite portion de son extrémité supérieure : le reste était déformé, d'un volume considérable, et converti en une masse molle remplie de sanie; le bassinet très-distendu : ses parois ulcérées avaient le triple de leur épaisseur ordinaire, renfermaient deux calculs, un de la grosseur d'un œuf de pigeon, de forme irrégulière et couvert d'aspérités, l'autre de même forme, beaucoup plus petit (ils pesaient sept gros quinze grains). Ils baignaient dans une sanie purulente des plus fétides ; l'uretère était très-dilaté, ses parois épaisses, sur lesquelles on remarquait des bosselures renfermant des graviers : elles étaient au nombre de sept, situées au-dessous l'une de l'autre. Ces graviers étaient très-durs et de la grosseur d'un noyau de cerise, et sur chacun d'eux on remarquait une légère gouttière. La vessie dont les parois avaient l'épaisseur du doigt, était d'une dureté presque cartilagineuse ; elle avait beaucoup d'ampleur et contenait environ un demi-litre d'urines brunes et puantes ; sa membrane muqueuse se déchirait facilement et était parsemée de taches livides plus ou moins larges.

53e *Observation*.

M. V. fut opéré de la pierre en 1821 ; on retira de sa vessie cinq calculs ayant la forme et le volume d'une olive, dont l'un se brisa dans les tenettes. Il survint vers le cinquième jour de graves accidens, qui cédèrent aux moyens employés pour les combattre ; du onzième au quinzième jour les urines se chargèrent de beaucoup de glaires, et restèrent telles pendant long-temps. On crut qu'il pouvait y avoir quelque chose dans la vessie ; on l'explora au moyen d'une sonde passée par la plaie, mais avec beaucoup de circonspection, crainte de réveiller l'inflammation à peine éteinte. Ces recherches furent sans succès ; la plaie marcha vers la guérison, se ferma, et les urines continuèrent à charier du mucus ; la quantité diminua cependant peu à peu, et devint à peine sensible. Le malade fut deux ou trois mois sans douleurs, et put retenir ses urines pendant trois ou quatre heures.

Ce bien-être fut de courte durée ; bientôt les cuissons, les ardeurs, les douleurs augmentèrent, et avec elles le besoin de rendre fréquemment et avec peine une petite quantité d'urines. Il les rendait involontairement étant couché ; elles avaient une odeur ammoniacale et contenaient une grande quantité de mucus qui s'attachait fortement aux parois du vase de nuit ; il était sans appétit et d'une grande maigreur : ses forces lui permettaient à peine de faire quelques tours de promenade. Ce fut dans cet état qu'il arriva, en mai 1822, à Contrexéville ; il commença à boire les eaux le lendemain de son arrivée, à la dose de deux verres, coupés par moitié avec l'eau de chiendent ; dans la journée comme il était altéré, il buvait de l'eau gommée.

Le 30, cinq verres, coupés avec le chiendent ; les eaux le purgent; douche ascendante sur le périnée. Dans l'après-midi il souffre moins que les jours précédens.

Le 8 juin, cinq verres sans chiendent ; le dépôt muqueux est moins copieux, l'incontinence continue : un bain entier, une douche, le soir un bain de siége ; de trois heures du soir à trois heures du matin, il urine sans beaucoup de douleurs.

Le 10, dix verres; le dépôt muqueux continue à diminuer; plus d'incontinence ; les douleurs en urinant sont moins vives ; il dort plusieurs heures sans être éveillé par le besoin d'uriner, ce qui ne lui est pas arrivé depuis plus de six mois.

Le 14, onze verres: l'amélioration fait des progrès sous tous les rapports.

Le 17, douze verres : continuation d'amélioration dans son état, il reste plusieurs heures dans la journée sans ressentir le besoin d'uriner; la douleur de la verge ne se fait plus ressentir que par momens, quelquefois avant d'uriner, d'autres fois après; on continue les bains, les douches et les boissons gommées.

Le 20, le bien-être continue; il paraît un clou à la fesse qui fait beaucoup souffrir.

Le 21, il ne prend ni eaux, ni bains: le clou est des plus douloureux.

Le 23, le mieux-être des voies urinaires se soutient, le clou entre en suppuration.

Le 25, le malade recommence à souffrir en urinant, et urine plus fréquemment.

Le 26, il recommence à boire huit verres, croyant que les douleurs qui se réveillent n'ont lieu que parce qu'il avait suspendu sa saison; les douleurs en urinant sont plus vives.

Le 27, huit verres; dans la nuit, il se trouve dans l'état fâcheux où il était lors de son arrivée.

Le 28, on suspend les eaux, tous les accidens s'exaspèrent, à onze heures violent frisson suivi de sueurs. Pour boisson, eau de tilleul gommée, etc.

Le 30, son état s'améliore, un peu moins de fréquence dans les besoins d'uriner, quoique très-douloureux.

Le 4 juillet il est en état de supporter la voiture, il part pour chez lui, où il arrive le six, bien fatigué; le même soir il est sondé; on reconnaît un calcul assez volumineux: l'opération est décidée pour le moment où la fièvre serait un peu apaisse. Elle eut lieu le huit, et dans la soirée le malade mourut d'hémorrhagie.

HÉMATURIE.

54e *Observation.*

Un ancien meunier, d'une très-forte constitution, buvant beaucoup, avait joui d'une bonne santé jusqu'à l'âge de cinquante ans. A cette époque, après une orgie, il fut pris d'un pissement de sang sans douleurs, et en rendit, d'après son rapport, en trois jours plus d'une livre. Depuis ce moment chaque fois qu'il se livrait à la boisson, le pissement de sang reparaissait; mais comme il n'en souffrait pas il ne prit aucun soin pour s'en guérir, pas même celui de sobriété. Sur la fin de l'hiver de 1823, après avoir bu et voyagé sur une charrette par un temps froid, l'hématurie reparut, mais pour cette fois avec douleurs; des boissons douces et le repos les firent cesser. Depuis ce moment l'hématurie devint à peu près continuelle; presque toujours ses urines étaient teintes de sang, ce qui joint à son genre de vie l'affaiblit beaucoup; il perdit l'appétit. Au printemps de 1824, on lui conseilla les eaux de Contrexéville: il les but chez lui au mois de juin. Après 10 à 12 jours de leur usage les urines furent bien plus colorées par le sang, et commencèrent à charier des mucosités; il ressentit de la douleur à la vessie, comme il continua à boire les eaux, elles décidèrent une inflammation, fait qui déjà avait été observé par le docteur Thouvenel.

Je vis ce malade au mois d'octobre: ses urines teintes en les rendant, donnaient, par le refroidissement, le tiers au moins de leur volume de mucosités; elles avaient une odeur insupportable. Il était d'une grande faiblesse, sans appétit, avec fréquentes envies d'uriner qui lui laissaient à peine un quart-d'heure de repos. Je lui proposai de se faire sonder pour connaître si cette maladie n'était pas due à la présence d'un calcul : il ne voulut jamais y consentir. Il vécut jusqu'au mois d'avril 1825, et ses souffrances ne l'abandonnèrent qu'avec la vie.

RÉSUMÉ.

Les eaux de Contrexéville se trouvent dans le département des Vosges, et sourdent dans un vallon fertile en productions céréales. La température y est très-variable en été; dans les beaux jours la chaleur est forte, et après le soleil couché elle baisse de plusieurs degrés.

La route pour y arriver par Neufchâteau et Mirecourt est bien entretenue; celle par Bourbonne a une poste de chemin de traverse qui n'offre rien de dangereux.

L'on trouve à Contrexéville des logemens commodes, et l'on s'occupe actuellement de l'embellissement des eaux.

Elles sont souveraines dans les affections graveleuses et calculeuses des reins et de la vessie, en facilitant l'expulsion de ces corps étrangers, lorsqu'ils ne sont pas trop volumineux pour sortir par la voie que la nature leur offre. Elles ont aussi la faculté de diviser et détacher les molécules de ces concrétions, lorsque leur aggrégation n'est pas parfaite.

Ces eaux guérissent les affections catarrhales des voies digestives et génito-urinaires, si toutefois il n'y a pas dégénérescence organique.

Quand ces affections sont dues à un transport métastatique d'une maladie de peau, comme gale, dartres, rhumatismes, suppression de transpiration, etc., etc., ou à des évacuations habituelles, diminuées ou supprimées; elles rappellent les premières au-dehors et rétablissent les secondes dans leur cours naturel; et par là, guérissent les affections que ces déviations ont occasionnées. Elles décèlent aussi les maladies vénériennes cachées ou mal guéries.

Donc elles conviennent aux graveleux, aux goutteux, aux scrophuleux, dans les affections catarrhales des voies digestives et urinaires, dans les fleurs blanches, les pâles couleurs, ainsi que pour rétablir les menstrues, les hémorrhoïdes déviées ou supprimées.

Elles sont très-favorables en éloignant les accès de goutte et les rendant moins douloureux; elles ont guéri radicalement plusieurs scrophuleux.

Elles sont très-favorables aux personnes disposées aux affections cérébrales, comme vertiges, étourdissemens.

A l'extérieur elles favorisent la cicatrisation des vieux ulcères, surtout ceux entretenus par les vices dartreux, scrophuleux ou vénérien.

Elles sont un très-bon collyre dans l'ulcération des paupières.

Enfin on ne peut que se louer de leur emploi, soit en douches, soit en injections, dans le catarrhe de la vessie, du rectum et du vagin.

Ces eaux se prennent à la source, du 15 juin au 15 septembre. Une saison est de vingt-un jours. Mais dans bien des cas, pour obtenir guérison, il faut la prolonger, surtout dans les catarrhes.

Ces eaux se boivent pures, et rarement on est obligé de leur associer des produits pharmaceutiques.

FIN.

www.ingramcontent.com/pod-product-compliance
Lightning Source LLC
LaVergne TN
LVHW020330230826
846091LV00003B/823

9782013038423